《我当建筑工人》丛书

漫话我当水暖工

本社 编

中国建筑工业出版社

图书在版编目（CIP）数据

漫话我当水暖工／中国建筑工业出版社编.－北京：中国建筑工业出版社，2011.6
《我当建筑工人》丛书
ISBN 978-7-112-13206-5

Ⅰ.①漫… Ⅱ.①中… Ⅲ.①水暖工－普及读物
Ⅳ.①TU832-49

中国版本图书馆CIP数据核字（2011）第085333号

《我当建筑工人》丛书
漫话我当水暖工
本社　编

*

中国建筑工业出版社出版、发行（北京西郊百万庄）
各地新华书店、建筑书店经销
北京风采怡然图文设计制作中心制版
北京建筑工业印刷厂印刷

*

开本：787×1092毫米　1/32　印张：6　字数：134千字
2011年8月第一版　2011年8月第一次印刷
定价：18.00元
ISBN 978-7-112-13206-5
（20606）

内 容 提 要

漫话《我当建筑工人》丛书，是专门为培训农民工编写绘制，是一套用漫画的形式解说建筑施工技术的基础知识和技能的图书；是一套以图为主、图文并茂的建筑施工技术图解式图书；是一套农民工学习建筑施工技术的入门图书；是一套通俗易懂，简明易学的口袋式图书。

农民工通过阅读丛书，努力学习并勤于实践，既可以由表及里，培养学习建筑施工技术的兴趣；又可以由浅入深，深入学习建筑施工技术和知识，熟练掌握相应工种的基本技能，成为一名合格的建筑技术工人。

《漫话我当水暖工》介绍了水暖工的基础知识和基本技法，农民工通过学习本书，了解水暖工的安全须知，学会水暖工的入门技术，掌握水暖工的基本技能，为当好水暖工奠定扎实的基础。

本书读者对象主要为初中文化水平的农民工，也可以供建筑技术培训机构作为培训初级水暖工的入门教材。

责任编辑：曲汝铎
责任设计：李志立
责任校对：陈晶晶　关　健

编者的话

经过几年策划、编写和绘制，终于将《我当建筑工人》这套小丛书奉献给读者。

一、编写的意义和目的

为贯彻党中央、国务院在《关于做好农业和农村工作的意见》中提出的“各地和有关部门要加强对农民工的职业技能培训，提高农民工的素质和就业能力”的要求，为配合住房和城乡建设部建设职业技能培训和鉴定的中心工作；为搞好建筑工人，尤其是农民工的培训，将千百万农民工培养成为合格的建筑工人。为此，我们在广泛调查研究的基础上，结合农民工的文化程度和工作生活的实际情况，征询了广大农民建筑工人的意见，了解到采用漫画图书的形式，讲解建筑初级工的知识和技法，比较适合农民工学习和阅读。故此，我们专门组织相关人员编写和绘制了这套漫画类的培训图书。

编写好本丛书目的，是使文化基础知识较少的农民工，通过自学和培训，学会建筑初级工的基本知识，掌握建筑初级工的基本技能，具备建筑初级工的基本素质。

提高以农民工为主体的建筑工人的职业素质，不仅是保证建筑产品质量、生产安全和行业发展问题，而且是一项具有全局性、战略性的工作。

二、编写的依据和内容

根据住房和城乡建设部《建设职工岗位培训初级工大纲》要求，本丛书以图为主，如同连环画一样，将大纲要求的内容，通过生动的图形表现出来。每个工种按初级工应知应会的要求，阐述了责任和义务，强调了安全注意事项，讲解了工种所必须掌握的基础知识和技能技法。让农民工一看就懂，一看就明，一看就会，容易理解，易于掌握。

考虑到农民工的工作和生活条件，本丛书力求编成一套口袋式图书，既有趣味性和知识性，又有实用性和针对性；既要图文并茂、画面生动，又要动作准确、操作规范。农民工随身携带，在工作期间、休息之余，能插空阅读，边看边学，学会就用。

第一次编写完成的图书有《漫话我当抹灰工》、《漫话我当油漆工》、《漫话我当建筑木工》、《漫话我当混凝土工》、《漫话我当砌筑工》、《漫话我当架子工》、《漫话我当建筑电工》、《漫话我当钢筋工》和《漫话我当水暖工》。其他工种将根据农民工的需要另行编写。

三、编写的原则和方法

首先，从实际出发，要符合大多数农民工的实际情况。第五次全国人口普查资料显示，农村劳动力的平均受教育年限为7.33年，相当于初中一年级的文化程度。因此，我们把读者对象的文化要求定位为初中文化水平。

其次，突出重点，把握大纲的要求和精髓。抓住重点，做到画龙点睛、提纲挈领，使读者在最短的时间内，以不高的文化水准，就能理解初级工的技术要求。

第三，尽量采用简明通俗的语言，解释建筑施工的专业词汇，尽量避免使用晦涩难懂的技术术语。

最后，投入相当多的人力、物力和财力编写和绘制，对初级工的要求和应知应会，通过不多的文字和百余幅图，尽可能简明、清晰地表述。

1.在大量调研的基础上，了解农民工的文化水平，了解农民工的学习要求，了解农民工的经济能力和阅读习惯，然后聘请将理论和实践相结合的专家，聘请与农民工朝夕相处，息息相关的技术人员编写图书的文字脚本。

2.聘请职业技术能手，根据脚本来完成实际操作，将分解动作拍摄成照片，作为绘画参考。

3.图画的制作人员依据文字和照片，完成图画，再请脚本撰写者和职业技术能手审稿，反复修改，最终完成定稿。

四、编写的方法和尺度

目前，职业技术培训存在着教学内容、考核大纲、测试考题与现实生产情况不完全适应的问题，而职业技术培训的教材多是学校老师所编写。由于客观条件和主观意识所限，这些教材大多类同于普通的中等教育教材，文字太多，图画太少。对农民工这一读者群体针对性不强，使平均只有初中一年级文化程度的农民工很难看懂，不适合他们学习使用。因此，我们在编写此书时，注意了如下要点：

1．本丛书表述的内容，注重基础知识和技法，而并非最新技术和最新工艺。本丛书培训的对象是入门级的初级工，讲解传统工艺和基本做法，让他们掌握基础知识和技法，达到入门的要求，再逐步学习新技术和新工艺。

2．本丛书编写中注意与实际结合，例如，现代建筑木工的工作，主要是支护模板，而非传统的木工操作，但考虑到全国各地区的技术和生产差异较大，使农民工既能了解模板支护方面的知识和技能，又能掌握传统木工的知识和做法。故此，本丛书保留了木工的基础知识和技法。另如，《漫话我当架子工》中，考虑到全国各地的经济不平衡性和地区使用材料的差异，仍然保留了竹木脚手架的搭设技法和知识。

3．由于经济发展和技术发展的进度不同，发达地区和欠发达地区在技术、材料和机具的使用方面有很大的差异，考虑到经济的基础条件，考虑到基础知识的讲解，本丛书仍保留技术性能比较简单的机具和工具，而并非全是新技术和新机具。

五、最后的话

用漫画的形式表现建筑施工技术的内容是一种尝试，用漫画来具体表现操作技法，难度较大。一般说，建筑技术人员没有经过长期和专业的美术培训，难于用漫画准确地表现技术内容和操作动作；而美术人员对建筑技术生疏，尽管依据文字和图片画出的图稿，也很难准确地表达技术操作的要点。所以，要将美术表现和建筑技术有机地结合起来，圆满、准确地表达技术内容，难度更大。为此，建筑技术人员与绘画人员经过反复磨合和磋商，力图将图中操作人员的手指、劳动的姿态、运动的方向和力的表现尺度，尽量用图画准确表现，为此他们付出了辛勤的劳动。

尽管如此，由于本丛书是一种新的尝试，缺少经验可以借鉴。同时，限于作者的水平和条件，本书所表现的技术内容和操作技法还不很完善，也可能存在一些的瑕疵，故恳请读者，特别是农民工朋友给予批评和指正，以便在本丛书再版时，予以补充和修正。

本丛书在编写过程中得到山东省新建集团公司、河北省第四建筑工程公司、河北省第二建筑工程公司，以及诸多专家、技术人员和农民工朋友的支持和帮助，在此，一并表示衷心的感谢。

《我当建筑工人》丛书编写人员名单

主　　编：曲汝铎

编写人员：史曰景　王英顺　高任清　耿贺明
　　　　　周　滨　张永芳　王彦彬　侯永忠
　　　　　史大林　陆晓英　闻凤敏　吕剑波
　　　　　崔旭旺　曲汝铭

漫画创作：风采怡然漫画工作室

艺术总监：王　峰

漫画绘制：王　峰　张永欣　张晓鹿　王丽娴
　　　　　田　宇　公　元

版式制作：王文静　邢　爽

目 录

一、基本概述

1.什么是水暖工

就是进行建筑工程中给水、排水、卫生洁具和采暖管道设备等施工的工人叫水暖工，他们承担了建筑工程重要的工作。

2．水暖工的作用和职责

土建结构完成后，水暖工就要进行给水、排水、卫生洁具和采暖管道设备的安装，工作量非常大，质量标准要求高，施工质量好坏直接关系到使用功能，影响整体工程质量，所以，水暖工责任重大。

3．怎样当好水暖工

水暖工是技术性较高的工种，要想当一名合格的好水暖工，必须勤学苦练，学习水暖工的专业理论知识，看懂简单的施工图，干活时要认真负责，精益求精，不能偷懒，不能对付，不懂就问，不会就学，尊敬老师傅，虚心向老师傅学习，逐渐积累，丰富经验。

二、安全生产和文明施工

1．安全施工的基本要求

（1）进入施工现场，禁止穿背心、短裤、拖鞋，必须戴好安全帽，穿胶底鞋或绝缘鞋。

（2）现场操作前，必须检查安全防护措施要齐备，必须达到安全生产的需要。

（3）高空作业不准向上或向下乱抛材料、工具等物品，防止架子上、高梯上的材料、工具等物品落下伤人，地面堆放管材防止滚动伤人。

（4）交叉作业时，要特别注意安全。

（5）施工现场应按规定地点动火作业，要设专人看管火源，并设置消防器材。

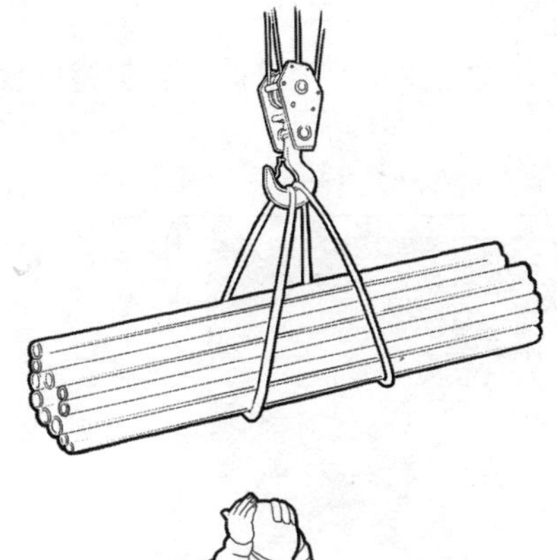

（6） 各种机械设备要有安全防护装置，要按操作规程操作，应对机械设备经常检查保养。

（7） 吊装区域禁止非操作人员进入，吊装设备必须完好，吊臂、吊装物下严禁有人站立或通过。

（8） 夜间在暗沟、槽、井内施工作业时，应有足够照明设备和通气孔口，行灯照明要有防护罩，应用36V以下安全电压，金属容器内的照明电压应为12V。

2．生产工人的安全责任

（1） 认真学习，严格执行安全技术操作规程，自觉遵守安全生产各项规章制度。

（2） 积极参加安全教育，认真执行安全交底，不违章作业，服从安全人员指导。

（3） 发扬团结互助精神，互相提醒、互相监督，安全操作，对新工人应加强传授安全生产知识，维护安全设备和防护用具，并正确使用。

（4） 发生伤亡和未遂事故，要保护好现场，立刻上报。

3．安全事故易发点

（1） 下雨时，施工现场易发生淹溺、坍塌、坠落、雷击等意外事故，酷热天气露天作业易发生中暑，室内或金属容器内作业易造成昏晕和休克。

（2） 工程竣工收尾阶段易发生事故，高空作业易发生坠落，深坑作业易发生坍塌事故，夜间施工，后半夜比前半夜易发生事故。

（3） 节假日、探亲假前后思想波动大，易发生事故，小工程和修补工程易发生事故。

（4） 新工人安全技术意识淡薄，好奇心强，往往忽视安全生产，易发生事故。

4．文明施工

（1） 施工现场要保持清洁，材料堆放整齐有序，无积水，要及时清运建筑和生活垃圾。

（2） 施工现场严禁随地大小便，施工区、生活区划分明确。

（3） 生活区内无积水，宿舍内外整洁、干净，通风良好，不许乱扔、乱倒杂物和垃圾。

（4） 施工现场厕所要有专人负责清扫并设有灭蚊、灭蝇、灭蛆措施，粪池必须加盖。

（5） 严格遵守各项管理制度，杜绝野蛮施工，爱护公物，及时回收零散材料。

（6） 夜间施工严格控制噪声，做到不扰民，挖管沟作业时，尽量不影响交通。

三、水暖工的安全须知

1．沟槽的开挖

沟槽开挖下管作业时，千万注意沟壁的状况，特别是下雨后，谨防坍塌事故，沟槽两侧不可堆积重物，以防压塌沟壁，遇地下管线和异物时，应通知专门人员来处理，不可乱动。

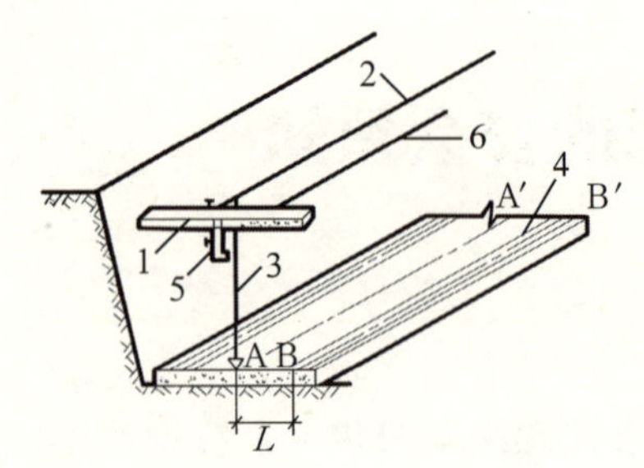

沟槽断面示意图

1 —坡度板；2 —中心线；3 —中心垂线；4 —管基础；5 —高程钉；6 —坡度线

2．沟内运管要点

向沟内运管时，必须用麻绳拉住，平稳下降，如用设备下管必须绑牢，起吊管子时，下面不能有人，免得滑落伤人。

3．搬运钢管要点

搬运钢管时，要用木棒插入管内抬运，以免手指受伤，雨后搬运管道要注意防滑，管子不宜抬起太高，以避免事故。

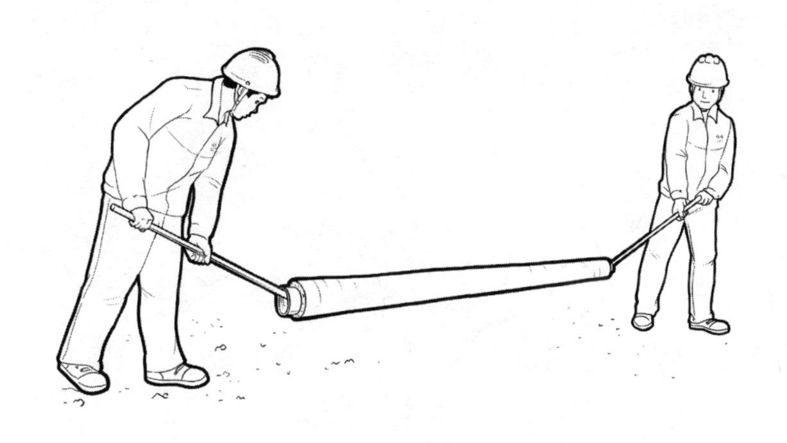

4．楼板的打洞

凿楼板穿洞时，要戴风镜、手套和安全帽，并注意洞的对面人员和设备，遇到钢筋和结构受力部分要征得相关人员的同意，不同意时，要改动凿洞的位置。

5．金属管的锯割

锯割金属管时，要将金属管固定牢固，管子快锯割完的时候用力要轻，以免伤手。用錾子錾断沟内铸铁管时，錾管者要戴好防护面具，以防铸铁碎片伤人。当铁管套丝时，尾管一定要支撑牢固，以免管子翘起伤人。

6．乙炔瓶的使用和储存

乙炔瓶如果搬运使用不当，可能发生爆炸，要千万注意。

（1）乙炔瓶搬运时应轻卸，严禁抛、滑、滚、碰；吊装要用专用夹具和防振运输车，严禁用电磁起重机和链绳搬运，移动时要用专用小车；

（2）使用时严禁敲击、碰撞，宜立放，不要卧置，放置15分钟后，方可开启瓶阀1.5转；

（3）乙炔瓶不得暴晒，不得靠近热源和电气设备，瓶阀冻结，可用40℃以下的温水解冻；

（4）乙炔瓶储存一般不超过5瓶，多于5瓶要分间储存，要有专人管理，设有严禁烟火的警示牌和专门的消防设施。

7．氧气瓶的使用

（1）氧气瓶使用搬运时，应防振、防热、防静电火花和绝热压缩；

（2）气瓶内留有余气并关闭阀门，保持瓶内正压，瓶阀不得沾油脂；

（3）超过检测期的气瓶不得使用，瓶阀或减压器冻结时，用热水解冻；

（4）气割点火使用前，工件表面清理干净，工件要垫高，以免爆溅伤人；

（5）点火试验后，火焰突然熄灭，松开割嘴，检查后重装熄火时，应先关氧流再关乙炔流，最后关预热氧流；

（6）发生回火应立即关乙炔，再关预热氧气和切割氧气。

8．回火防止器的使用

（1）单个岗位式回火防止器只能供一把焊炬或割炬使用，使用前应排空回火防止器内的空气或氧气与乙炔的混合气；

（2）每次使用前应检查回火防止器内适宜的水位，冬季使用后要放水，以免冻结；

（3）阀件堵塞，可用丙酮清洗，严禁用其他油脂类液体清洗；

（4）任何情况下，不得擅自拆卸回火防止器，注意及时检修和更换。

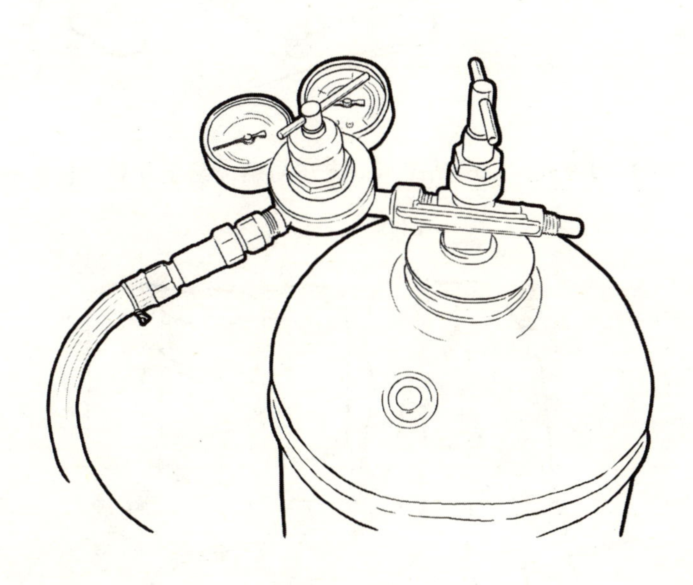

9．使用电动工具注意事项

（1）手动电动工具应尽量使用安全系数高的工具，使用时应有安全保护措施，有可靠的接地装置，操作电动工具应戴绝缘手套和穿绝缘胶鞋；

（2）电动工具连续使用时间不能过长，避免烧坏电机；

（3）使用时要经常检查电源线、插头开关等，有故障不能使用；

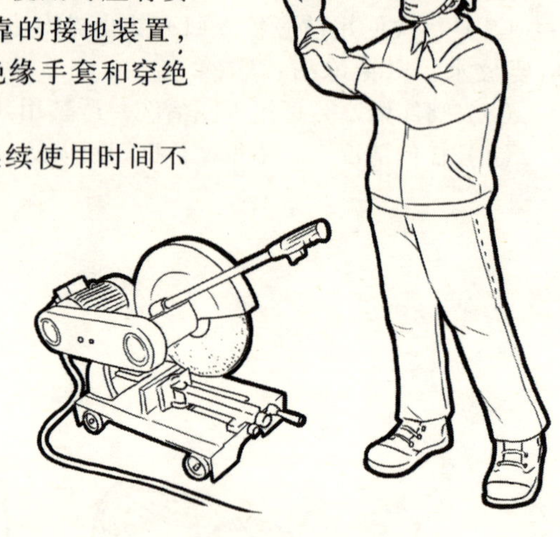

（4）切割机、手电钻等不适宜在易燃、易爆和腐蚀性等环境中使用。

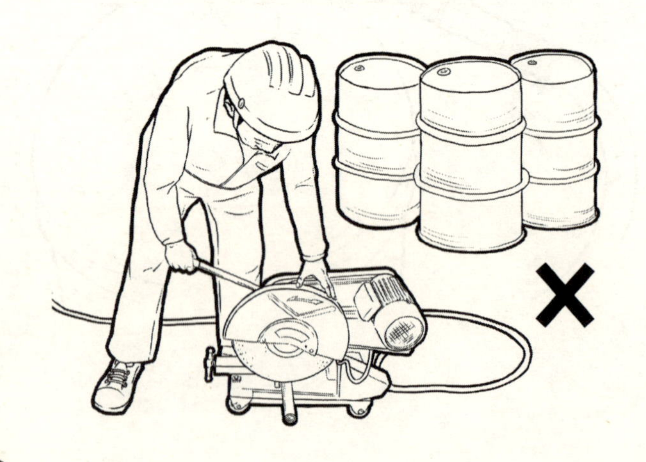

四、工具与机具

1. 管钳

管钳也叫做管子扳手，用来安装与拆卸管子和管件。分为张开式和链条式，张开式管钳是用螺母调节张口的大小，通过钳口上的轮齿咬住管子转动，用于直径15mm到125mm的管子。链条式管钳是用链条来固定管子转动，用于口径较大，如直径125mm以上的管子施工。

水暖工具有很多都是手工工具，如钢锯、锯管器、套丝扳等。

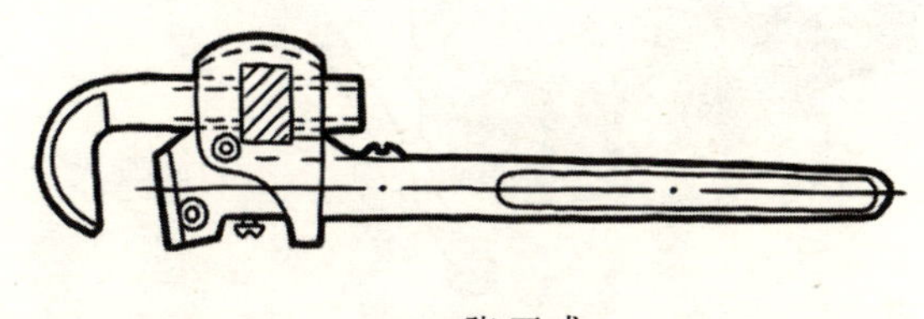

张开式

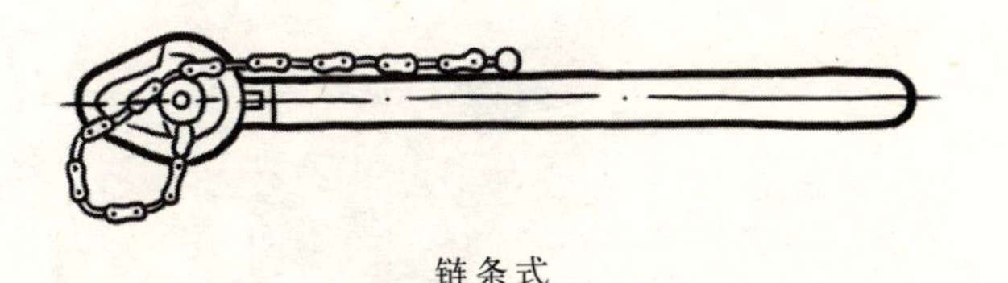

链条式

管钳示意图

2. 管子台虎钳

管子台虎钳，又叫做龙门台虎钳。通过手工转动丝口扳手，使台虎钳的上牙板上下移动，与下牙板共同夹住管子，用于切割和铰制螺纹。

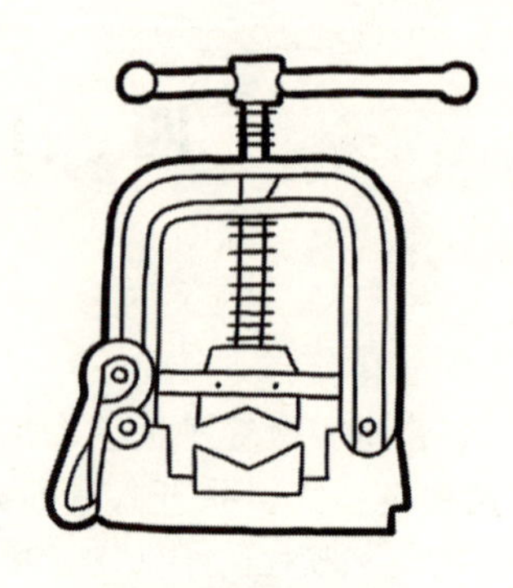

管子台虎钳示意图

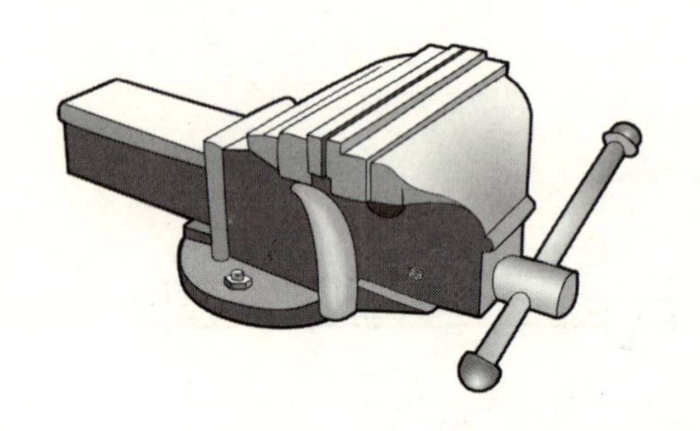

转盘式

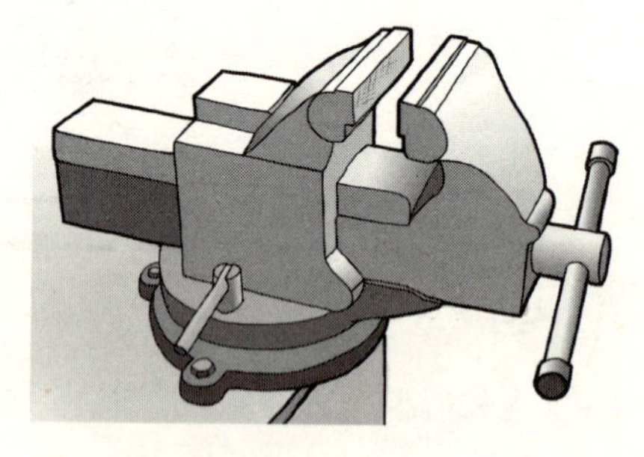

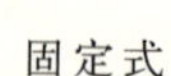

台虎钳示意图

3．各种手工扳手

用于水暖工使用的扳手种类很多，一般有：(a）活扳手；(b）固定扳手；(c）梅花扳手；(d）套筒扳手。

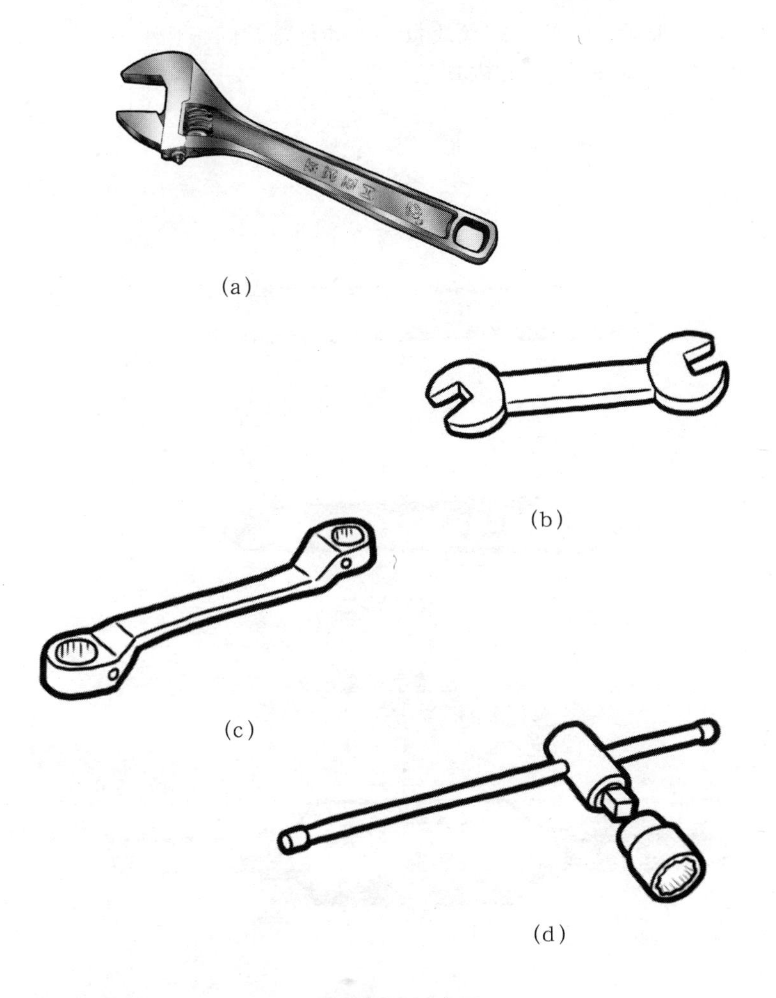

各式扳手示意图

4．丝锥和丝锥扳手

板牙用于金属管子外螺纹制作套丝用。

管用丝锥，又叫做管子螺丝攻，用于管子内螺纹的制作，分为圆柱形和圆锥形。

丝锥扳手，也叫做螺丝攻扳手，和丝锥共同工作，它夹住锥头的方头，攻制管子的内螺纹。

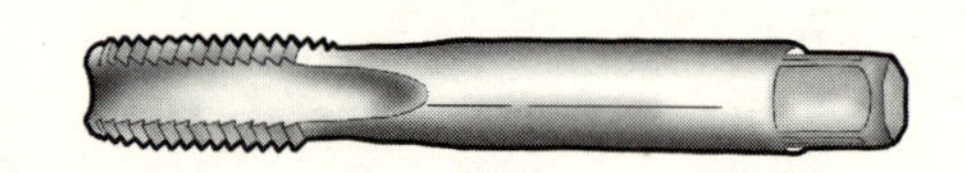

圆柱形

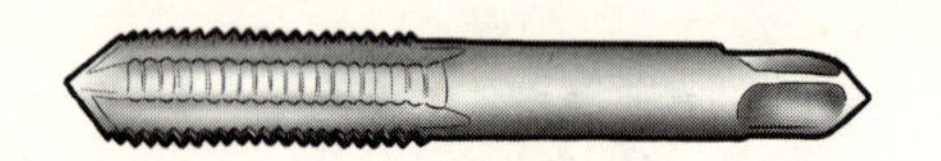

圆锥形

丝锥示意图

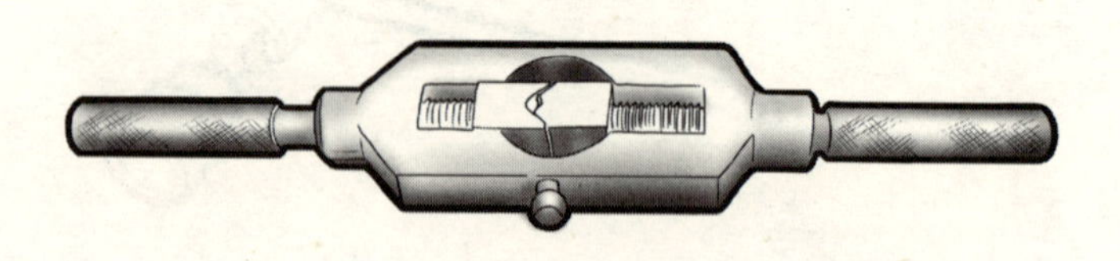

丝锥扳手示意图

5. 测量工具

水暖工所用的测量工具主要是钢直尺、钢卷尺、皮卷尺等，用于一般尺寸的测量；直角尺、水平尺用于水平、垂直和90°直角的检测；精密度较高的游标卡尺用于测量管件的内径和外径。

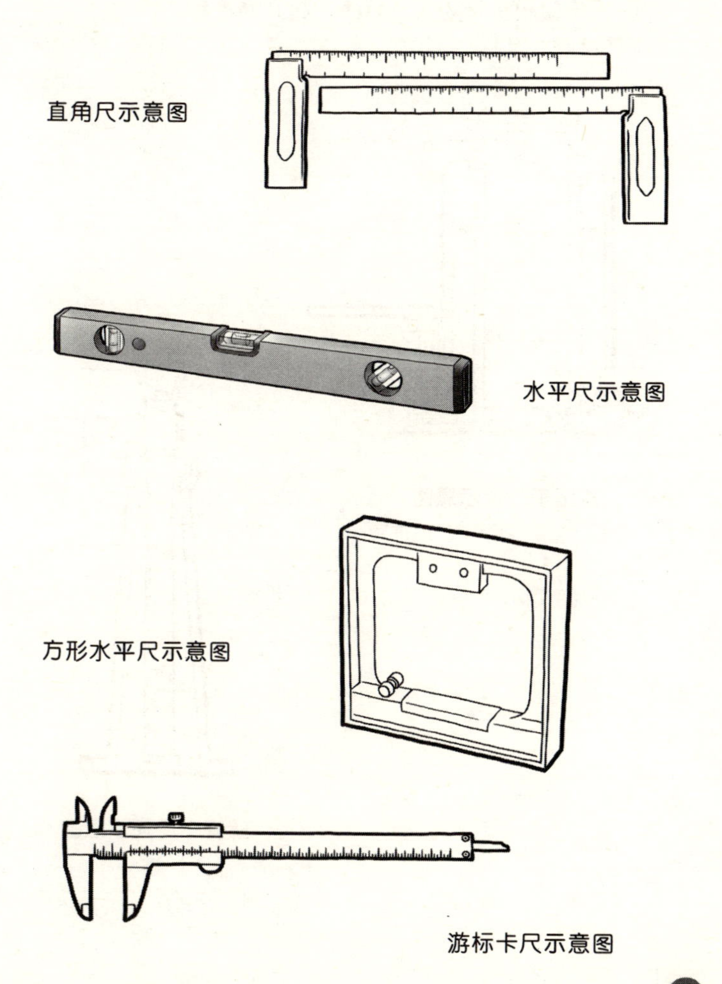

直角尺示意图

水平尺示意图

方形水平尺示意图

游标卡尺示意图

6. 千斤顶

千斤顶是一种手动的起重器，可以顶升很笨重的物体，常见更换汽车轮胎时用小小的千斤顶把汽车顶起。水暖施工时，有时也要使用千斤顶来顶升物体、弯管或者支撑管架子。千斤顶分为液压式和螺旋式两种。液压千斤顶起重量为3～500t，起升高度较低。螺旋千斤顶起重量为3～50t，起升高度较高。

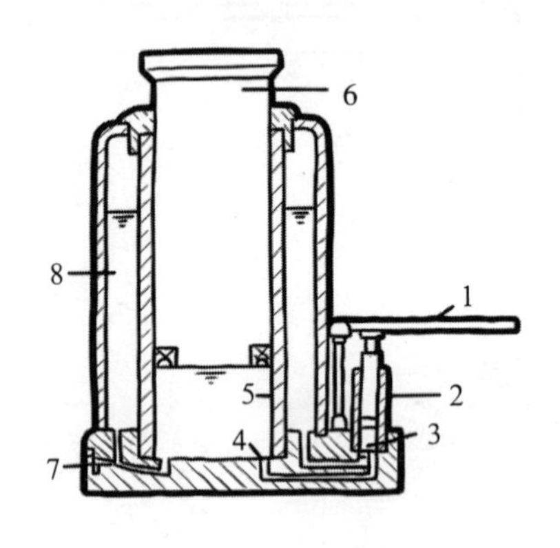

液压千斤顶示意图

1—手柄；2—液泵；3—进液阀；4—出液阀；5—活塞缸；6—活塞；7—回液阀；8—贮液室

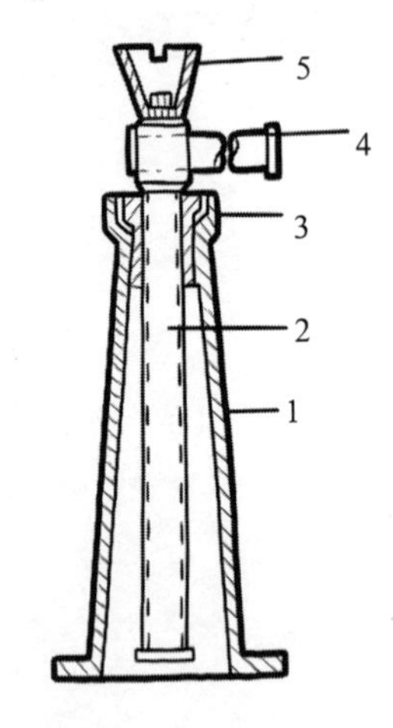

螺旋千斤顶示意图

1—外壳；2—螺杆；3—螺母；4—手柄；5—顶头

7．千斤顶使用须知

（1）使用时不能超负荷，以免发生事故；

（2）使用前检查正常才能使用；

（3）使用时要位置放平放正，与顶升物体垂直；

（4）顶升时用力要均匀和平稳，降落时要缓慢并有支撑；

（5）平时要注意保养，不用时要注意防潮，无尘收藏。

千斤顶使用示意图

8.手拉葫芦

手拉葫芦，又叫做捯链，用于吊装敷设大口径管道。分为行星式手拉葫芦、钢丝绳式手动葫芦和链条式手动葫芦。手拉葫芦起重速度快，起重量在0.5～20t，起高为2.5～5m。

钢丝绳式手动葫芦，又叫做手摇卷扬机，可作为牵动机具。链条式手动葫芦起重量较大，类同手拉葫芦。

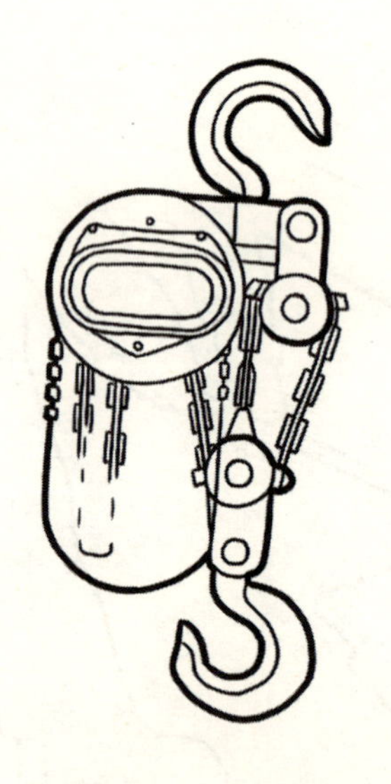

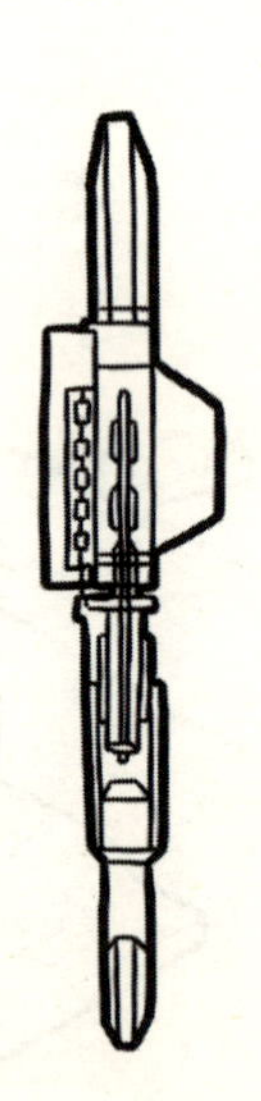

行星式手拉葫芦示意图

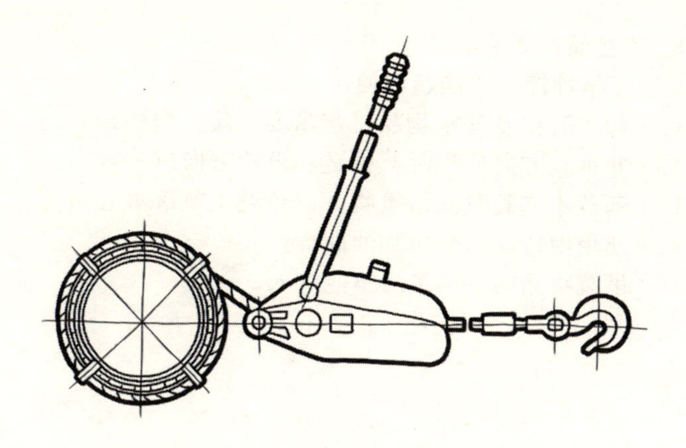

钢丝绳式手动葫芦示意图

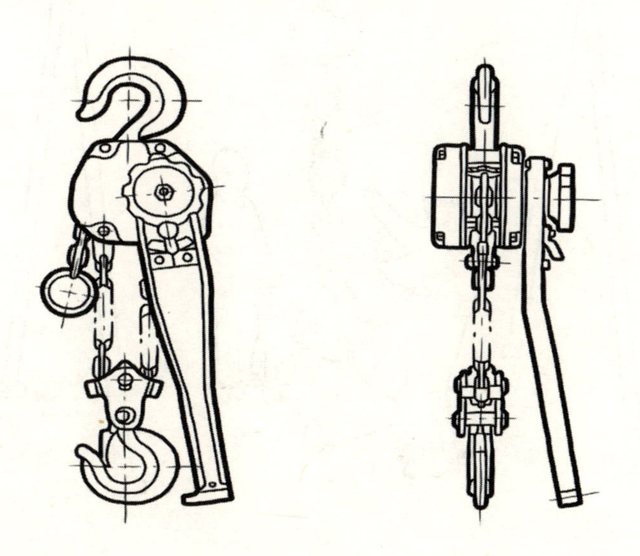

链条式手动葫芦示意图

9．手拉葫芦使用须知

(1) 了解性能，不能超载使用。

(2) 起重时注意挂牢物品，起吊要平缓，慢慢起升。

(3) 非垂直方向使用时，拉链和链轮方向应一致。

(4) 葫芦不宜长时间吊重物，以免发生坠落事故。

(5) 使用中传动部分应加油润滑。

(6) 吊装物品的下部绝对不能过人。

手拉葫芦吊装操作示意图

五、水暖材料

1．水暖管材的种类

水暖管材种类很多，按材料分为：

（1）金属管：钢管、铸铁管和有色金属管（一般是铜管）；

（2）非金属管：包括UPVC硬聚氯乙烯管、ABS工程塑料管、PPR聚丙烯管、PEX交联聚乙烯管、PB聚丁烯管；

（3）复合管：涂塑复合管、衬塑复合管、铝塑复合管、孔网钢带复合管等。

2．管道的公称直径和压力标准

国家制定了统一的标准，以利于生产和施工，管道的公称直径近似内径，又不等同于内径和外径，金属管道用英文的大写字母*DN*来表示，如*DN*100的钢管，外径114mm，内径106mm；而塑料管道一般是指外径，用*De*表示，如*De*110的硬聚氯乙烯塑料管道，外径是110mm，壁厚是3mm，内径是104mm；压力标准是管子和配件的强度标准，也称作额定压力。

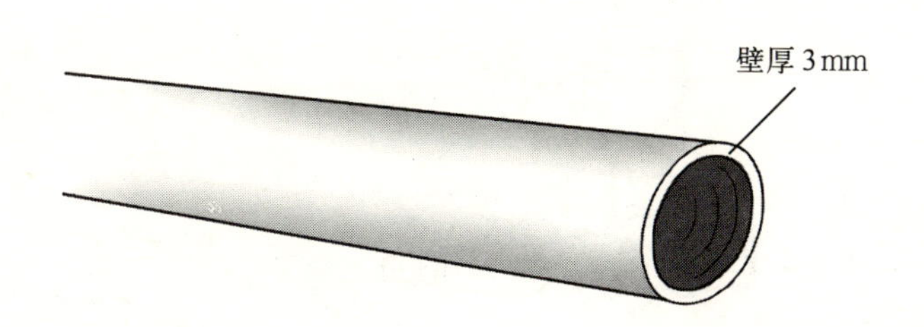

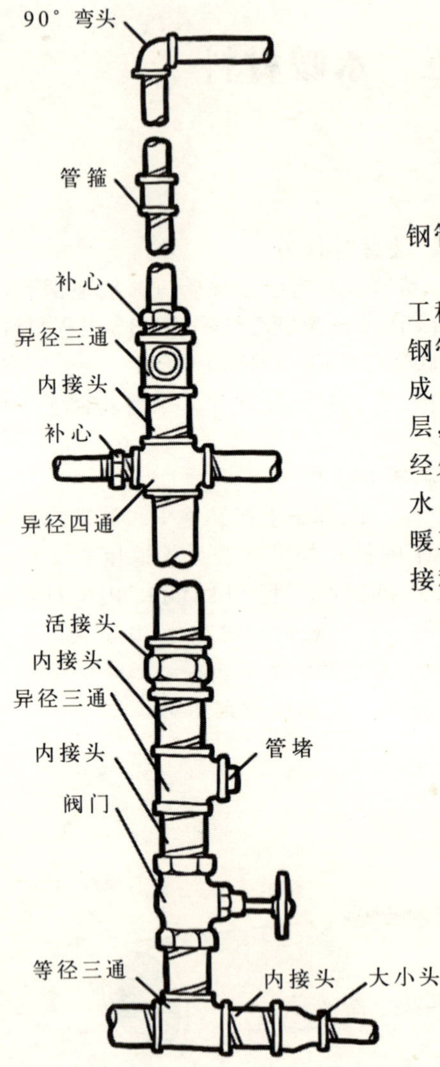

钢管配件连接示意图

3．钢管及管件

(1) 镀锌钢管分为焊接钢管和无缝钢管两种。

镀锌钢管目前在管道工程上应用最多，它是在钢管基础上经热浸镀锌而成，管内外壁形成合金层，光亮美观，防腐性好，经久耐用。可用于给水排水，煤气输送，热水和采暖工程，采用丝接、法兰接和卡箍连接。

（2）给水铸铁管有灰口铸铁和球墨铸铁管两种，耐腐蚀、寿命长、造价低，但是材质较脆，重量大，运输施工不方便。灰口铸铁排水管还是采用承插连接，目前大都被塑料排水管代替，但柔性铸铁管在高层较高级的建筑中还有使用。接口基本上采用管件螺栓连接。

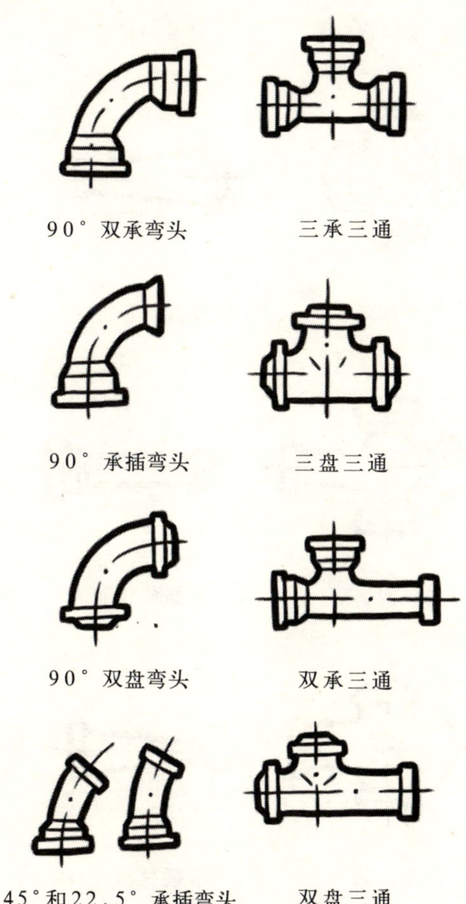

给水铸铁管管件示意图（一）

四承四通

双承异径管

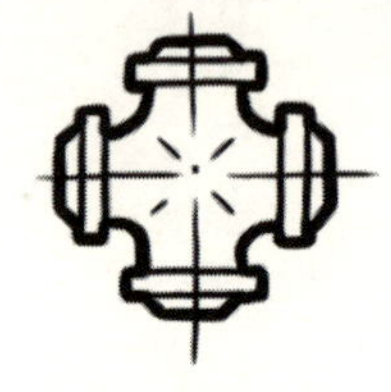

四盘四通

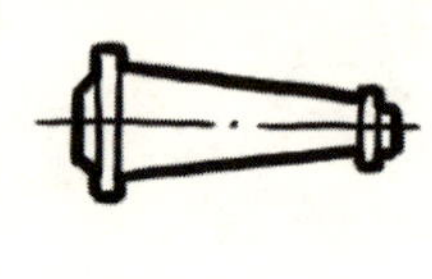

双盘异径管

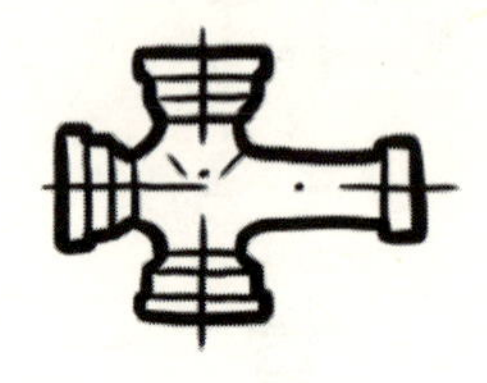

三承四通

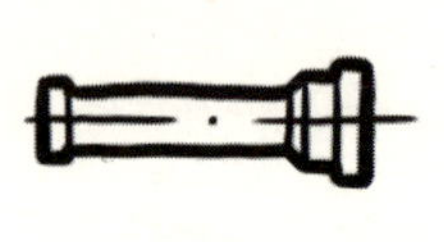

承插异径管

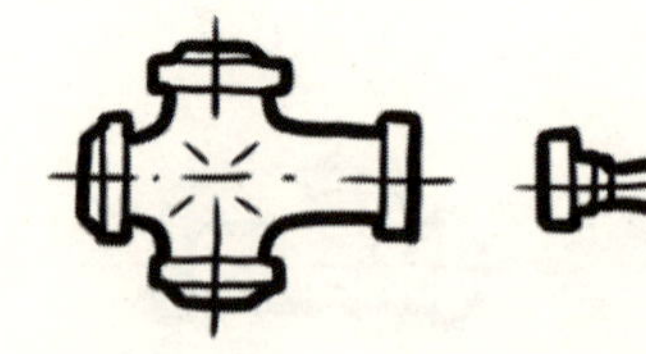

三盘四通

承插异径管

给水铸铁管管件示意图（二）

4．聚氯乙烯管道的使用

聚氯乙烯管道也称UPVC管道，分为上水管和下水管两种，上水管耐腐蚀性强，质量轻，水力条件好，安装方便，但是耐温差，承受外力冲击性能差。用于生活用水，不积垢。排水管内壁光滑，排水性好，且价格低，安装简便，在建筑排水中广泛使用。管件与管道采用胶粘连接。

（1）给水UPVC管材管件

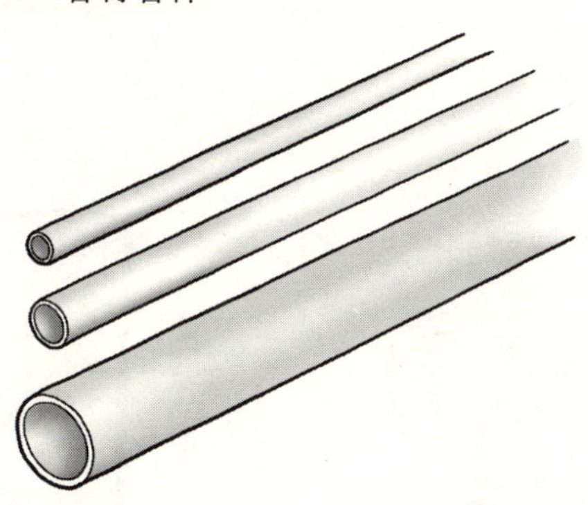

给水UPVC管材示意图（一）

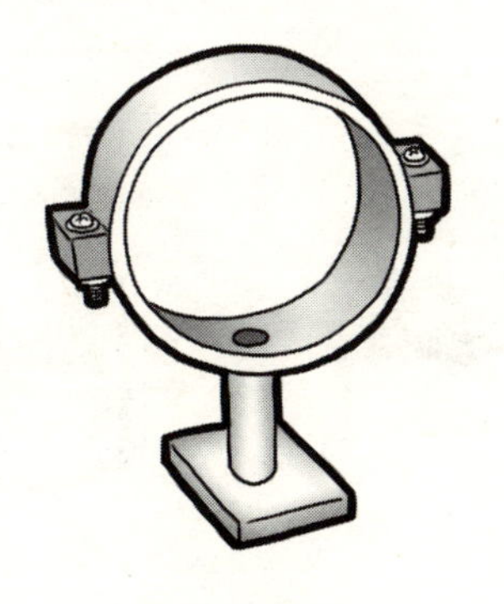

Ⅱ型管卡

给水UPVC管件示意图（二）

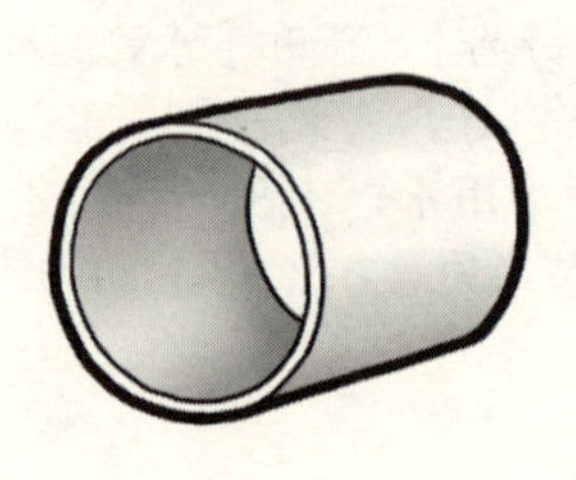

直通

45° 斜三通（等径）

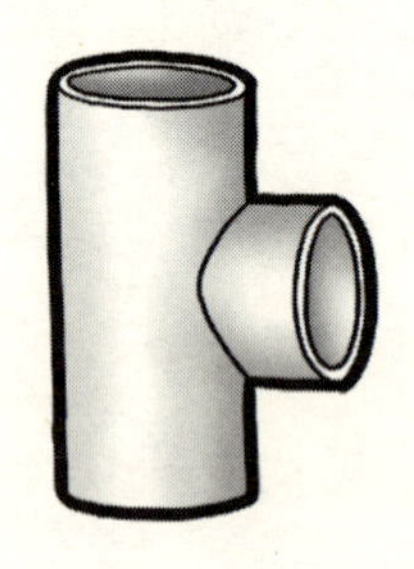

90° 三通（等径）

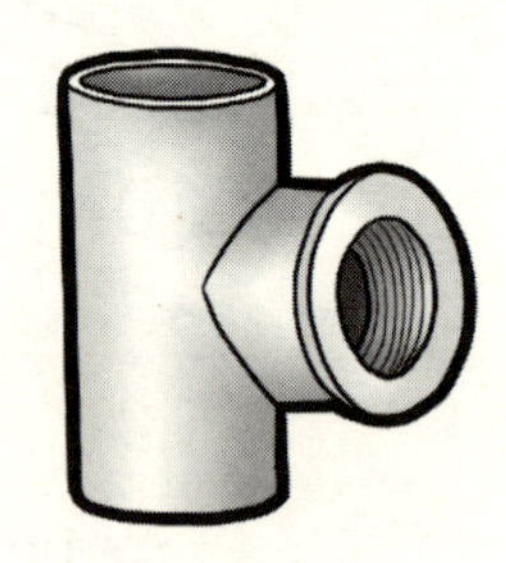

铜内丝三通

90° 弯头

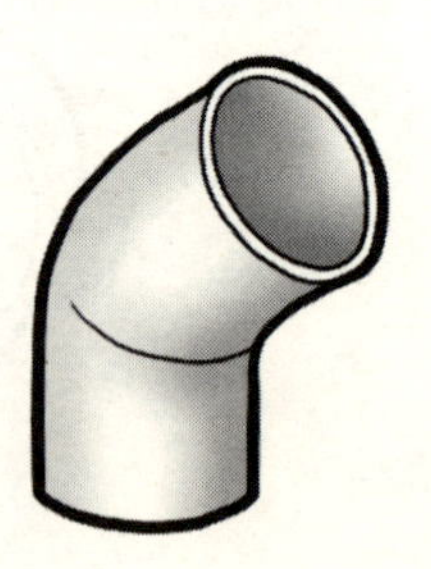

45° 弯头

给水 UPVC 管件示意图（三）

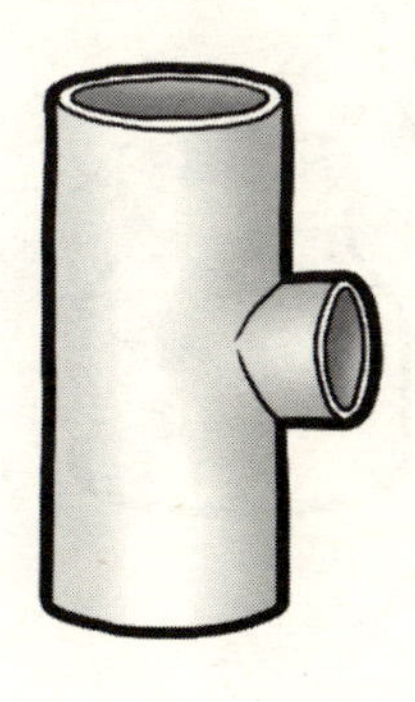

90° 异径三通

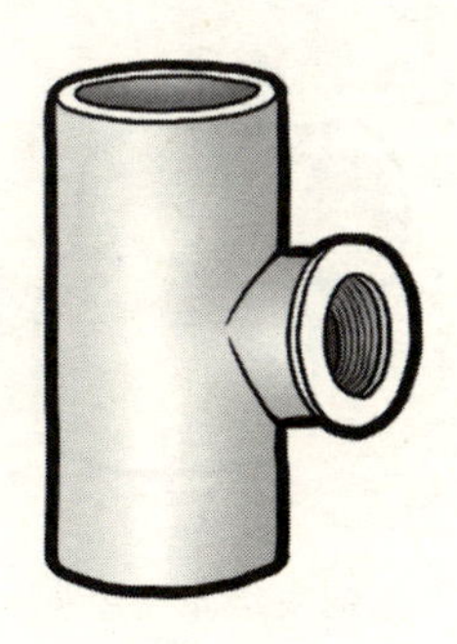

铜内丝异径三通

铜内丝弯头

活接头

伸缩接头

给水 UPVC 管件示意图（四）

铜内丝异径弯头

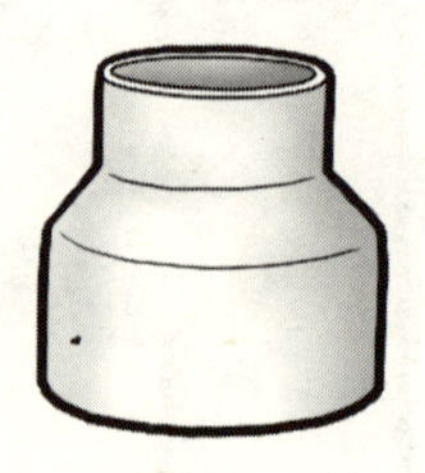
异径套

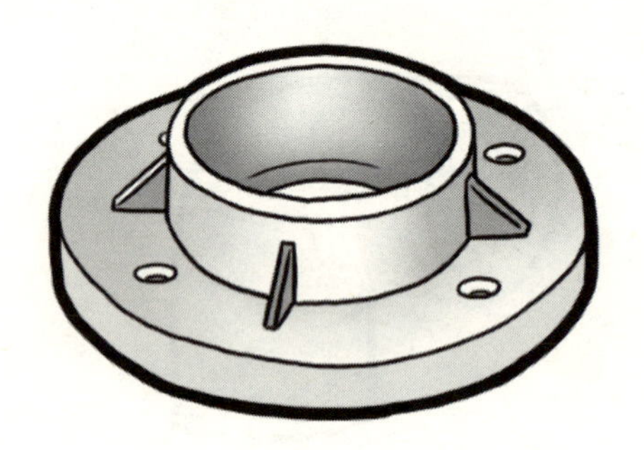
法兰

双头外螺纹直接头

铜内丝直接头

给水 UPVC 管件示意图（五）

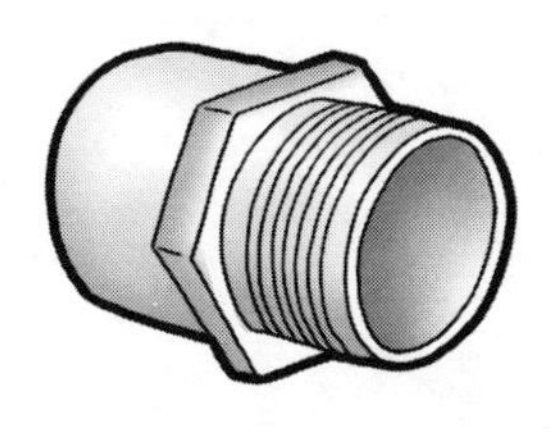

外丝直接头

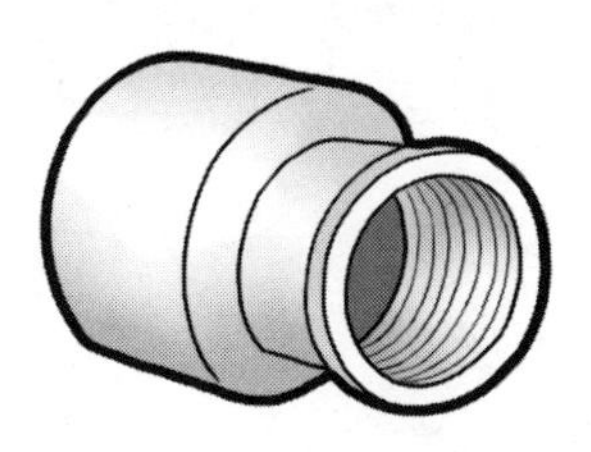

铜内丝异径直接头

I 型管卡

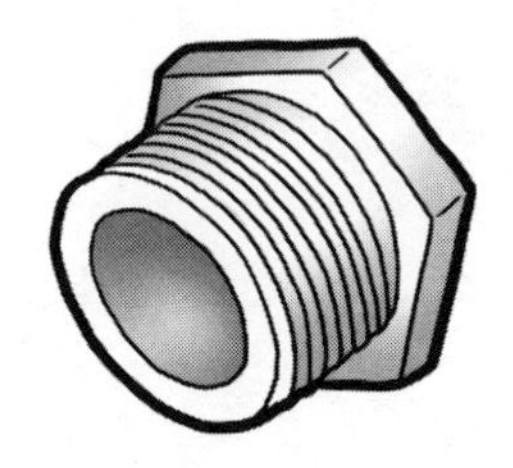

外螺纹堵头

管帽

给水 UPVC 管件示意图（六）

(2）排水 UPVC 管材管件

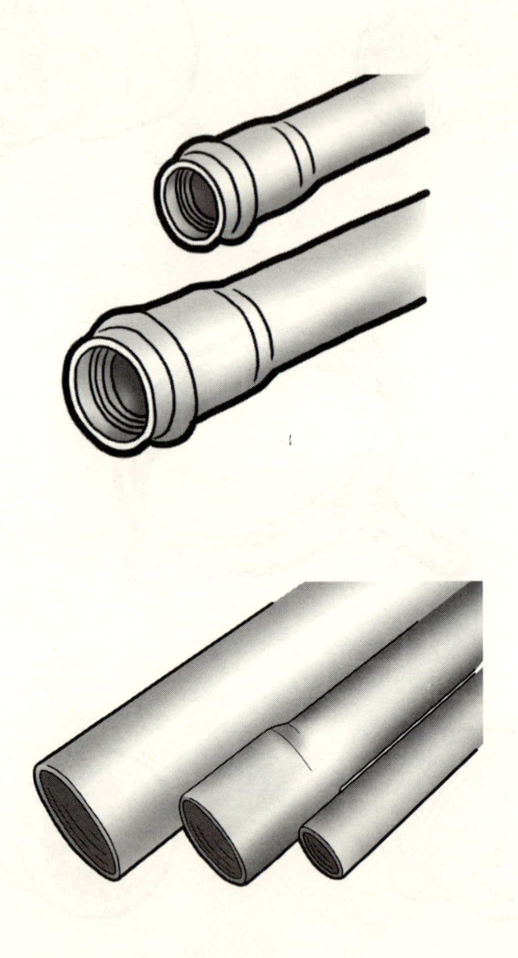

排水 UPVC 管材示意图（一）

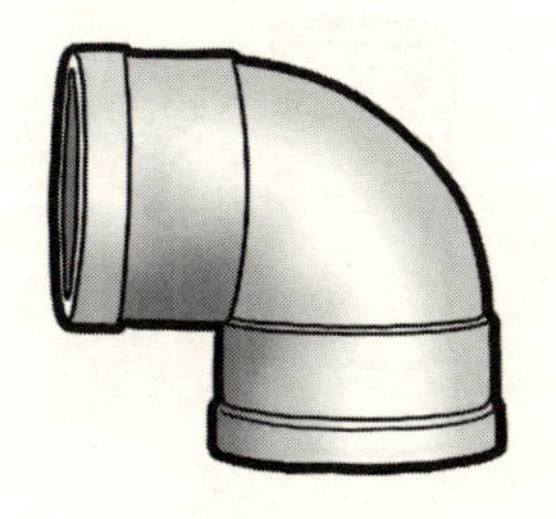

90° 直角弯头

90° 弯头（带检查口）

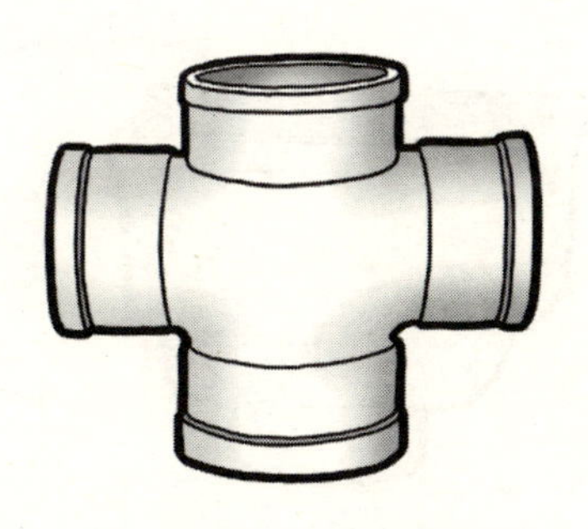

顺水四通（平面等径四通）

45° 弯头

瓶形三通

排水 UPVC 管件示意图（二）

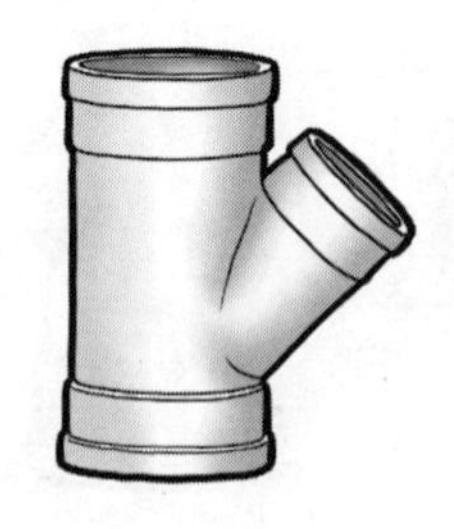

45°异径斜三通

45°斜三通

方形雨水斗

顺水三通（等径三通）

异径三通

排水UPVC管件示意图（三）

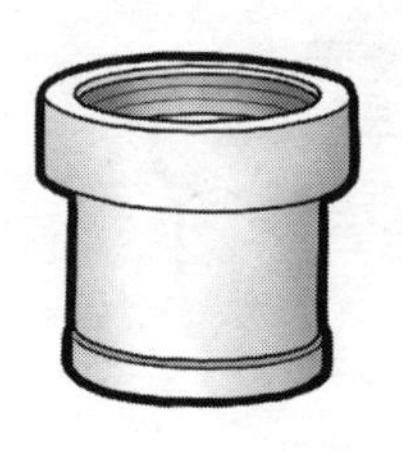

伸缩节

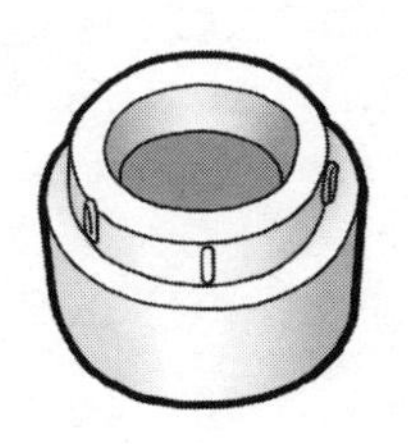

清扫口（堵头）

大便器接头(密封型)

PVC管卡

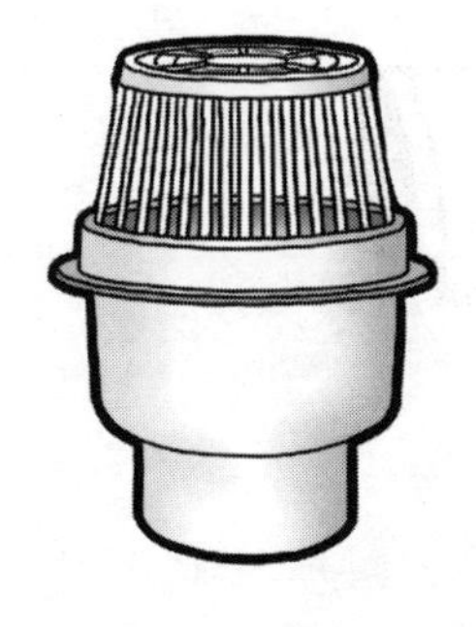

圆形雨水斗（天台地漏）

直通（管箍）

排水UPVC管件示意图（四）

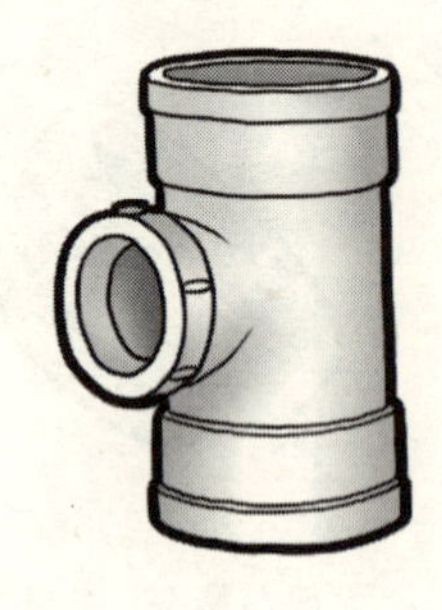

检查口

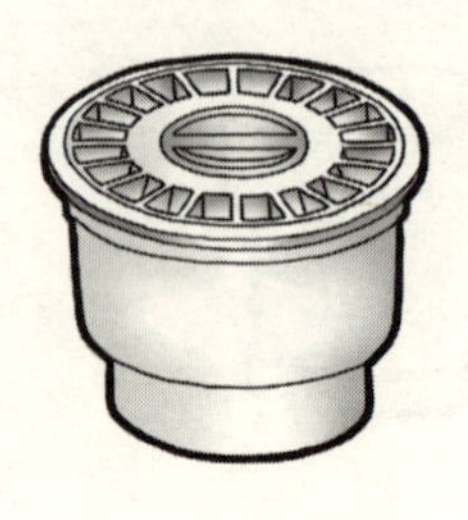

水封地漏

S 形存水弯（带检查口）

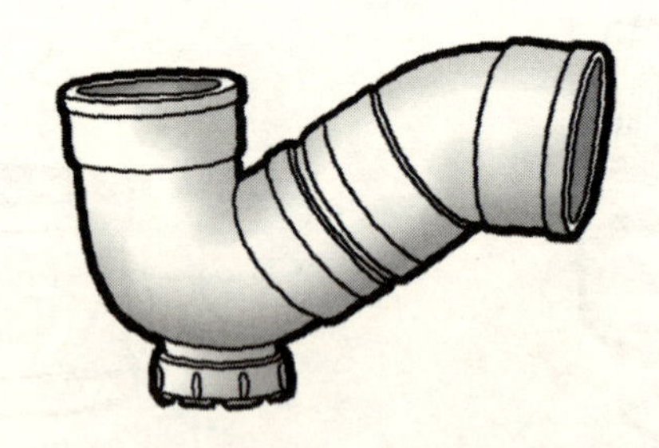

P 形存水弯（带检查口）

排水 UPVC 管件示意图（五）

5. 铝塑复合管的使用

这是近几年兴起的一种复合管材，是以交联聚乙烯或高密度聚乙烯、薄壁焊接铝管、特种热熔胶经机械压制形成，该管综合性能强，寿命长，可弯曲，布管安装方便，多用于给水工程，可用专用管件连接。

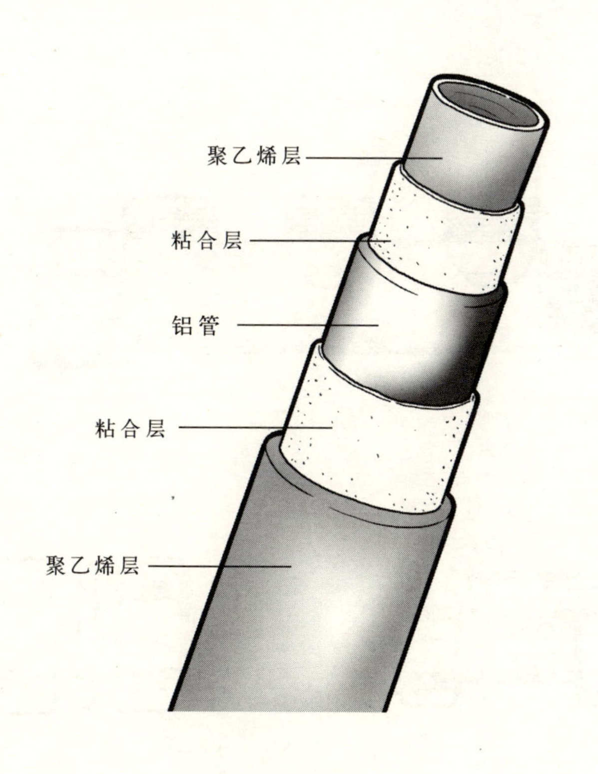

铝塑管材示意图

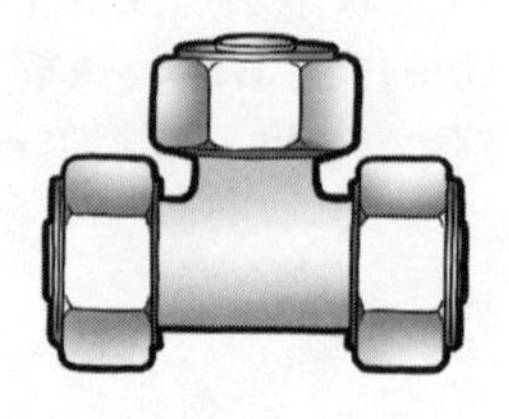

等径三通

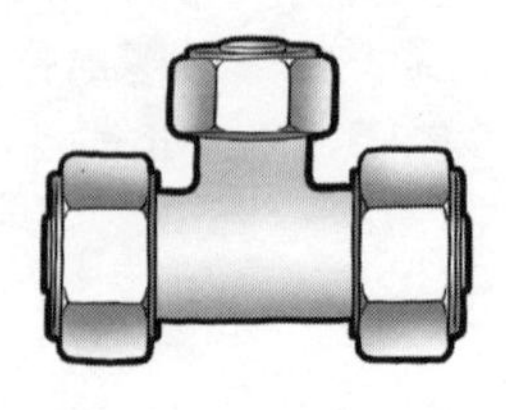

异径三通

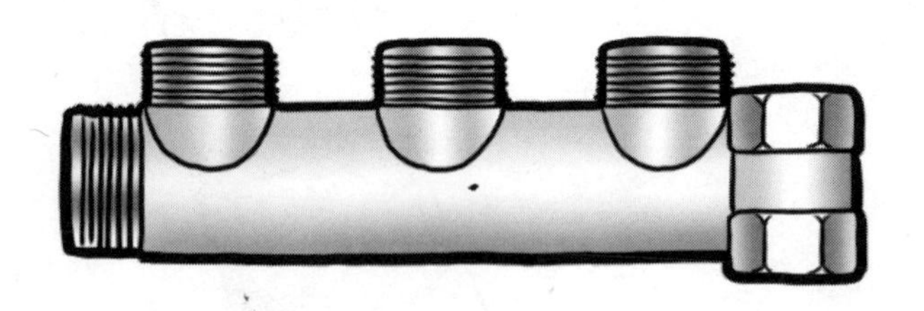

分水器

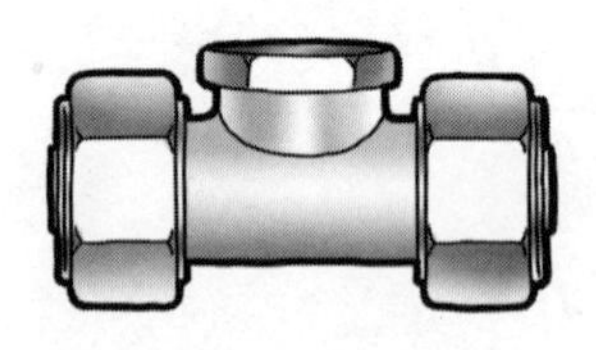

内牙三通

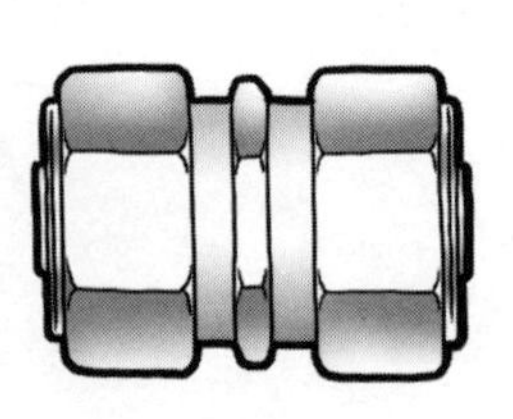

直通

铜质管件示意图（一）

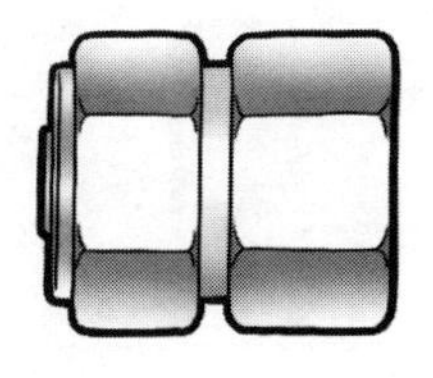

内牙直通

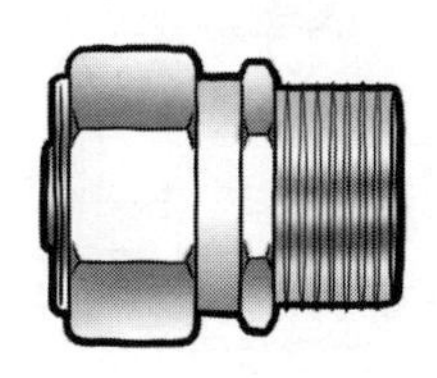

外牙直通

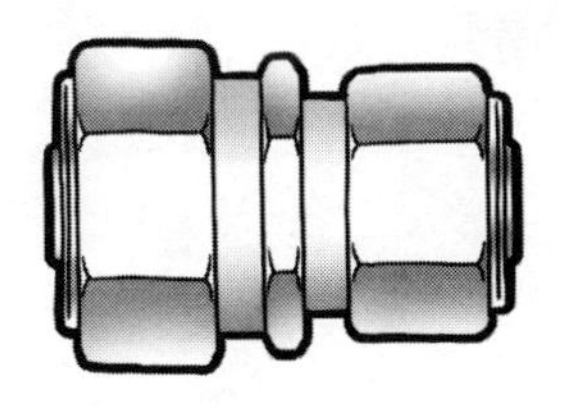

异径直通

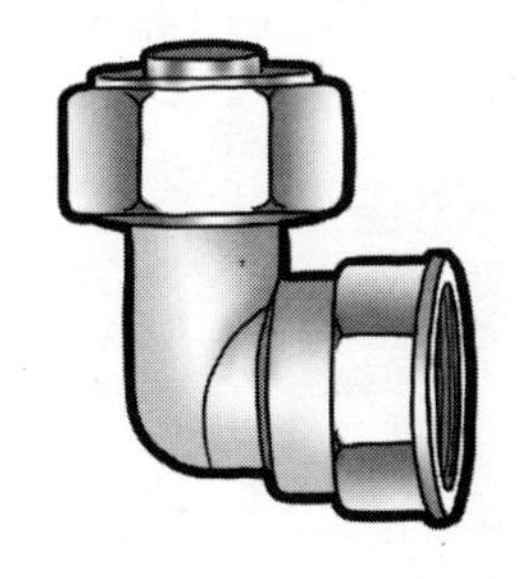

内牙弯头

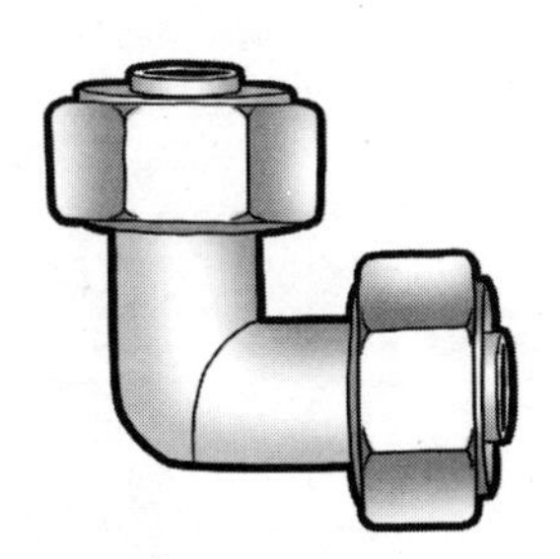

等径弯头

铜质管件示意图（二）

带座弯头

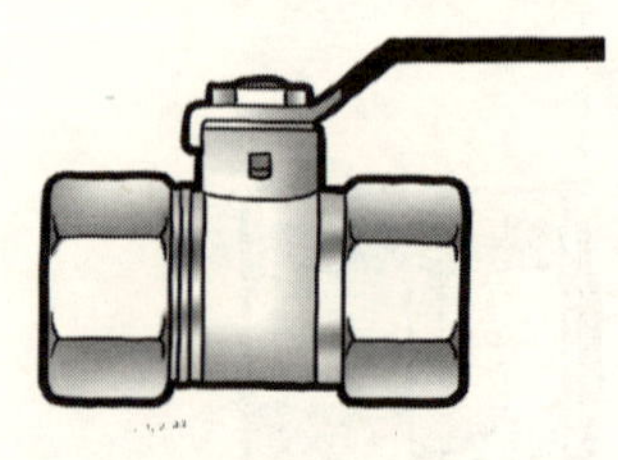

专用球阀

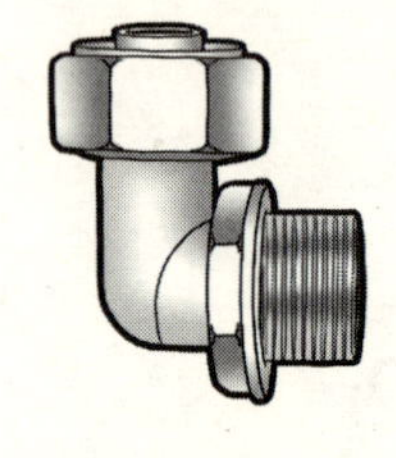

外牙弯头

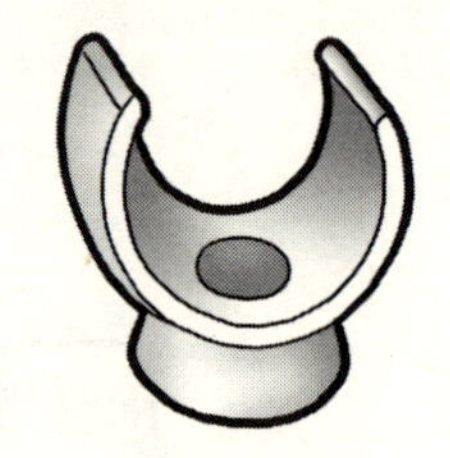

管卡（塑料）

管件示意图

6.PPR 管的使用

PPR 管是新兴的塑料管道，用于给水管道工程，该管道材质为聚丙烯，但是线膨胀系数大，宜于采用暗装，管件也是同样材质，采用热熔连接。

PPR 管材示意图（一）

90°弯头

45°弯头

外牙弯头

内牙弯头

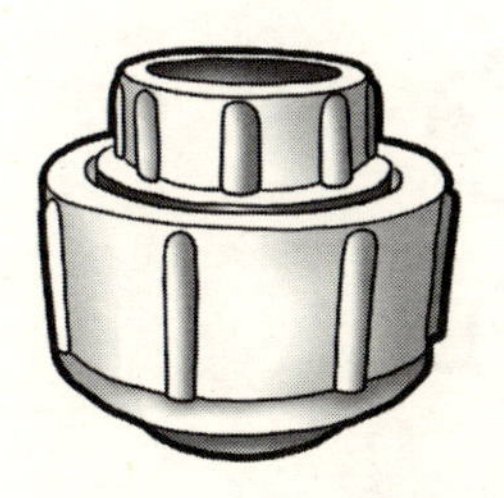

活接头

等径直通

PPR管件示意图（二）

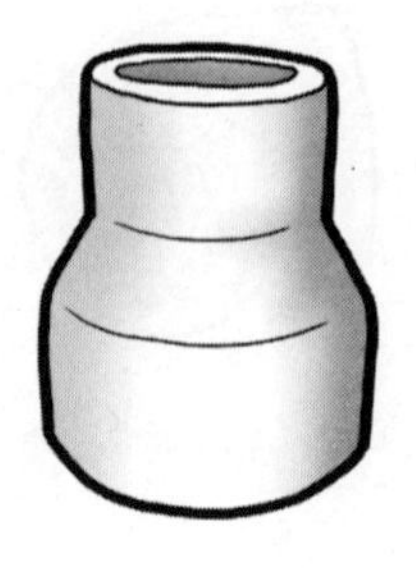

异径直通

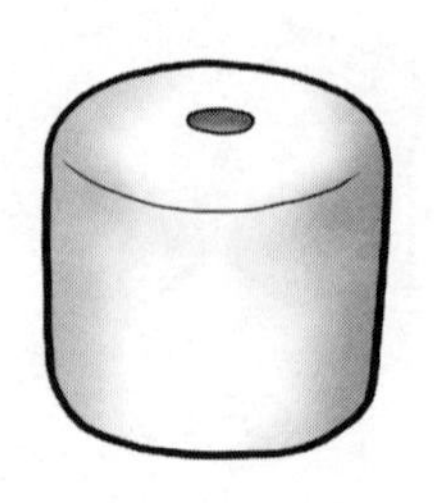

管堵

外牙直通

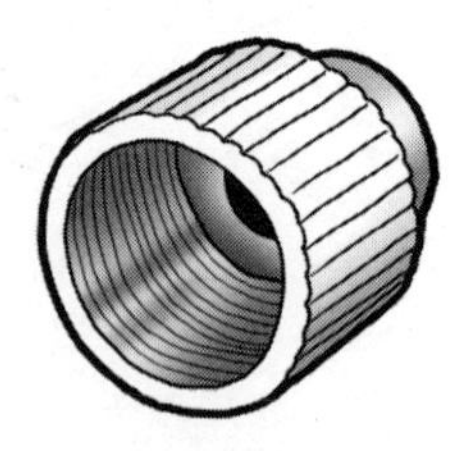

内牙直通

专用阀门

PPR 管件示意图（三）

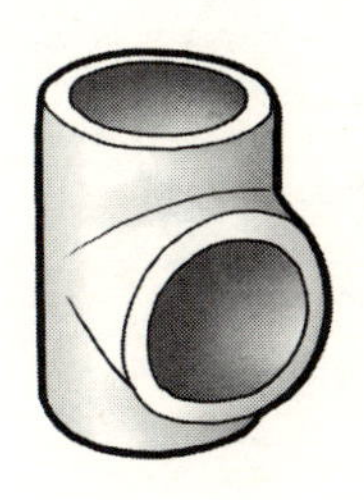

等径三通

异径三通

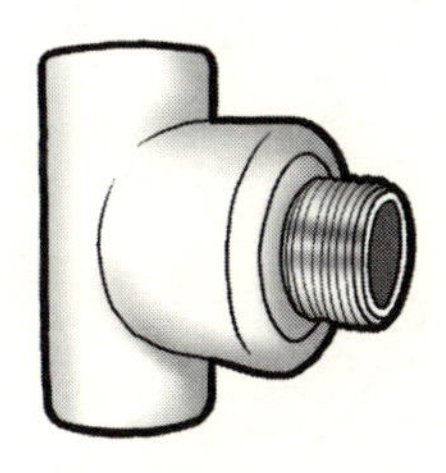

外牙三通

内牙三通

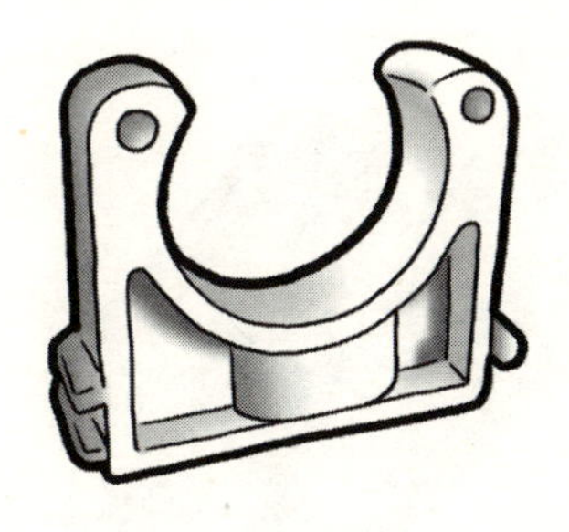

管卡

PPR 管件示意图（四）

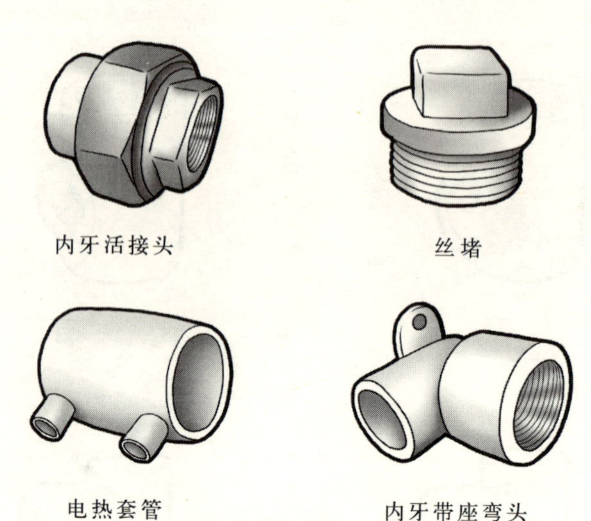

PPR 管件示意图（五）

7. PP–C（聚丙烯）管的使用

PP–C 管材耐热，耐压，耐腐蚀，不结垢，使用寿命长，施工简单，采用热熔方法连接，适用于冷热给水、采暖、地板采暖用管材。

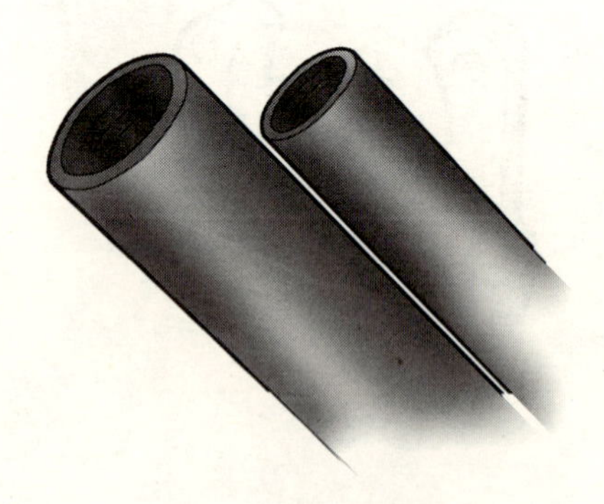

PP–C 管材示意图（一）

90° 弯头

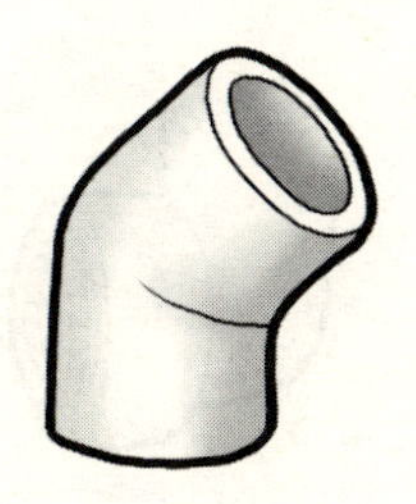

45° 弯头

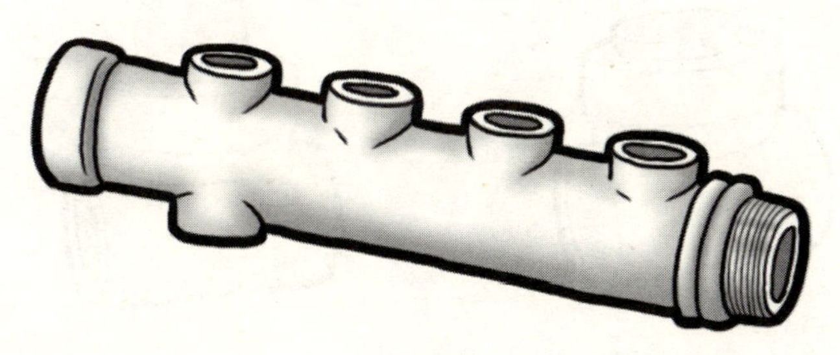

分水器

异径三通

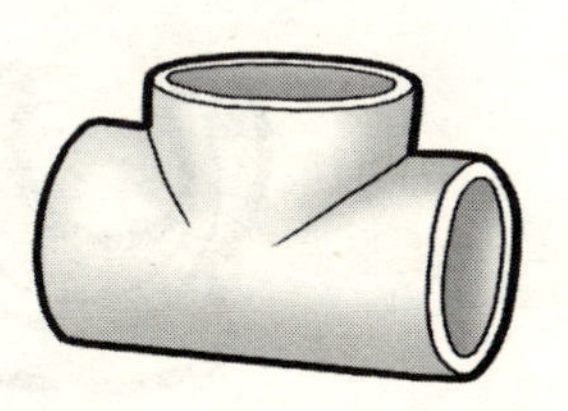

等径三通

PP–C 管件示意图（二）

内牙弯头

外牙弯头

内牙三通

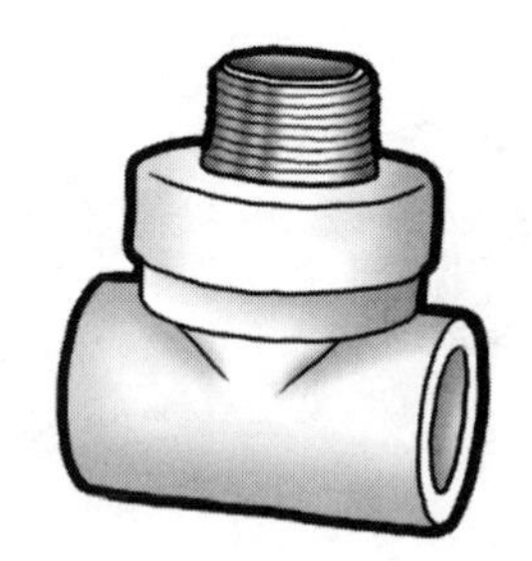

外牙三通

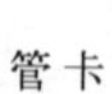

管卡

PP-C 管件示意图（三）

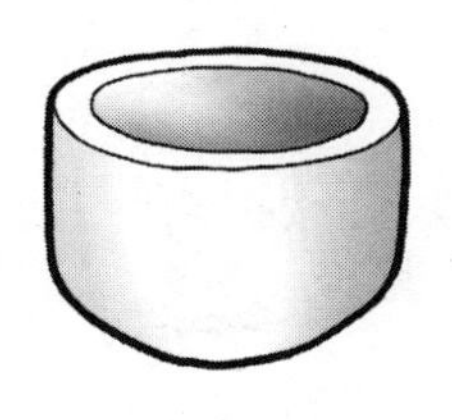

管堵

异径直通

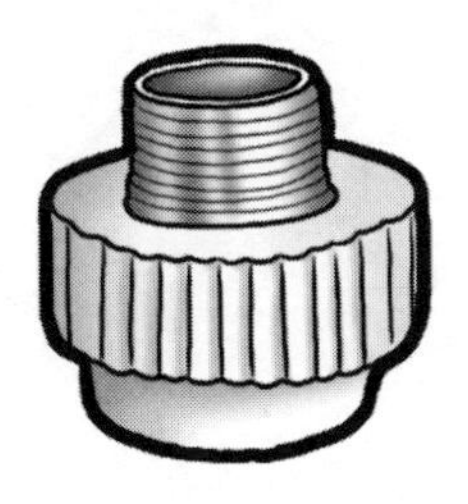

外牙直通

内牙直通

活接头

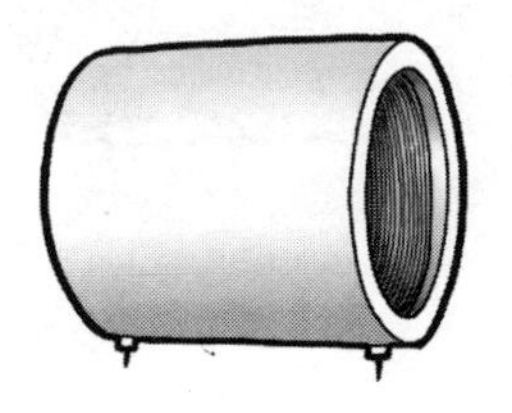

电熔直通

PP－C 管件示意图（四）

电熔弯头

等径直通

PP－C 管件示意图（五）

8．PE、PEX 管的使用

高密度聚乙烯管、交联聚乙烯管(PE、PEX)不生锈，不结垢，不滋生细菌，完全消除管网的二次污染，管壁光滑水阻力小，使用寿命长，工作压力高，搬运安装方便。

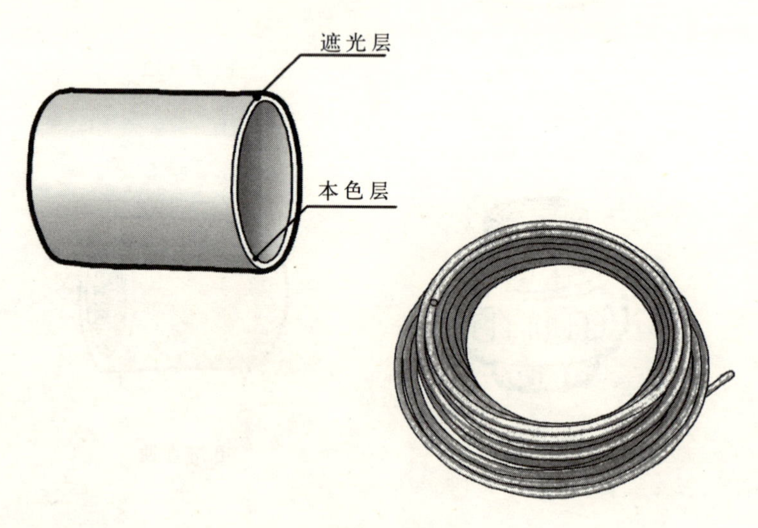

PE、PEX 管材示意图（一）

PE、PEX 管件示意图（二）

六、金属管子的加工

1．手工锯割

切割的方法适用于各种金属和塑料管道。手锯锯管时，将钢管固定在管压力钳上，用锯对准切割线锯割。切割时在锯口处加油，切割一定要锯割到底，不要折断。注意，千万保护好手，不要让管子和异物崩伤眼睛。

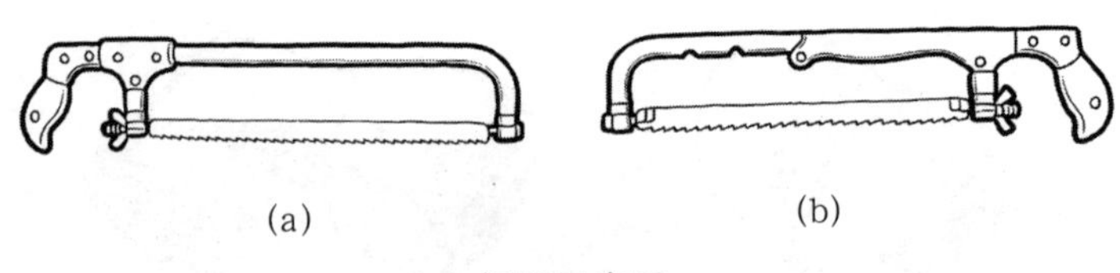

钢锯示意图

2．割管器锯割

割管器也就是刀割器，是用割管器上滚刀切断DN100 以内的钢管，由于效率高，切口断面平整，应用比较广泛。操作时，把固定好的管子，画好线，刀割器对准，拧紧手把，滚轮夹紧钢管，转动螺杆，滚刀深入，直至切割完毕，用铰刀刮去管子边上的毛刺。

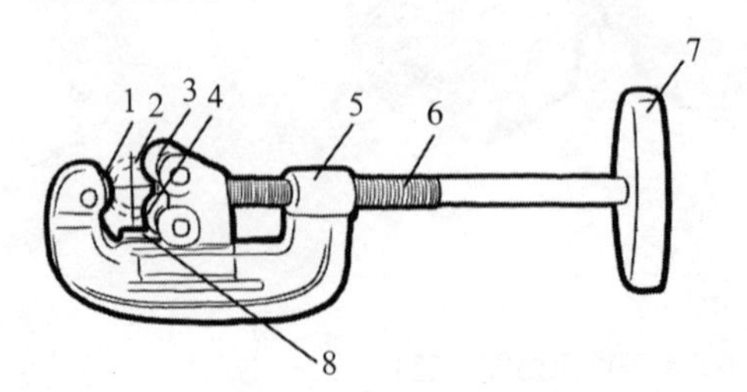

割管器示意图

1—切割滚轮；2—被割管子；3—压紧滚轮；4—滑轮支座；5—螺母；6—螺杆；7—手把；8—滑道

3. 磨割

用砂轮磨割机切断钢管叫做磨割。使用时，夹钳夹紧钢管，握紧手柄，打开电源开关，稍加用力压下手柄，摩擦切割，直至切完，松开手柄，关闭电源。切割时注意用力均匀，不要用力过猛，防止砂轮折断伤及身体，切完后，用锉刀整理好管口的飞边和毛刺。

砂轮磨割机示意图

4. 气割

气割是使用割炬（割枪）割断钢管，它是利用氧－乙炔焰将金属加热到熔点温度，开放高压氧，从而把管子切断。切割时要画好线，管子垫平放稳，下方留有空间，便于铁渣的吹出和混凝土地面的保护。钢管割完，割口要整理好。施工时注意防护，注意操作规程和防火。

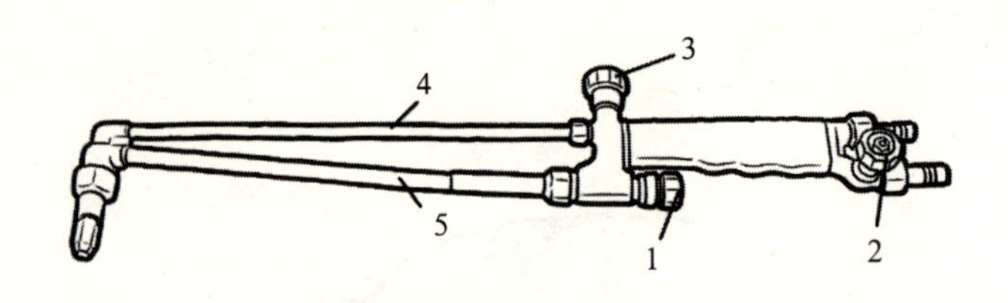

割枪示意图

1一氧气调节阀；2一乙炔阀；3一高压氧气阀；4一氧气管；5一混合气管

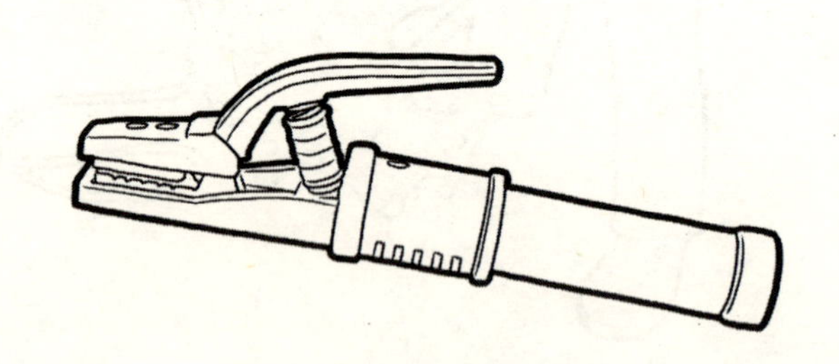

电焊钳示意图

5. 錾切

錾切是比较传统的做法，常用于铸铁管、陶瓷管和混凝土管等管道，工具是用扁錾和手锤，把管道垫起来，围绕着管子切断线凿一圈线沟，转动管子，不断地用手锤敲打，直至断开。施工时千万注意戴好防护眼睛，防止铁屑飞溅伤及眼睛和身体。

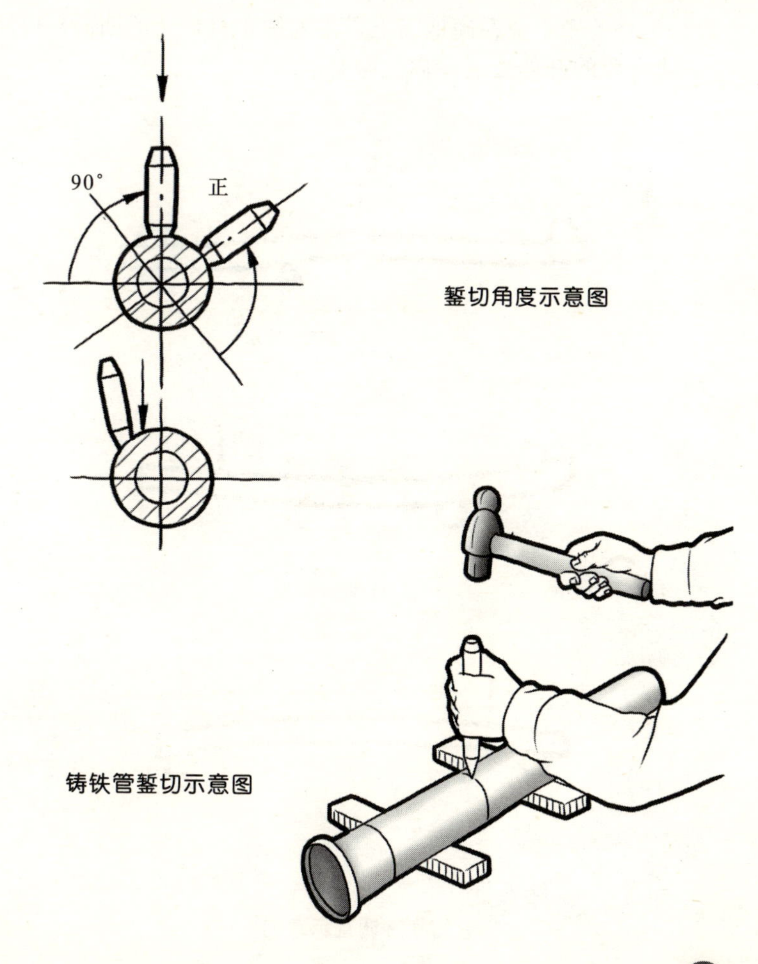

錾切角度示意图

铸铁管錾切示意图

6．管子的调直

管径在 50 mm 以下的镀锌管子采用冷调直。

（1）两把锤子，一把顶住管子凹向的起点（支点），另一把敲打管子的背面，即凸面高点，两锤反复矫正，直到调直。

（2）在操作平台上，立面铁桩为着力点，管子伸入两支点当中，着力点垫上软木等，用适当的力矫正。

（3）将管子平放在硬地面上，用木槌击打弯曲的凸面，但注意是从弯曲的开始处逐步向上敲打。

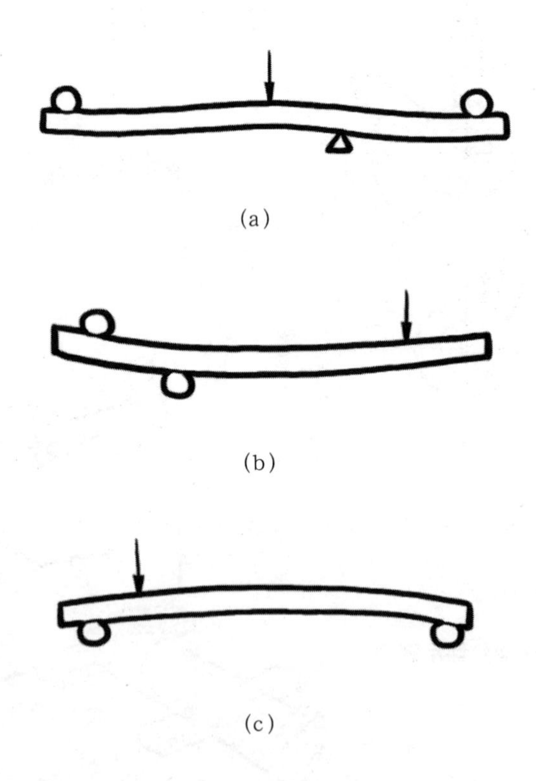

管子冷调直示意图

7．管子的冷弯曲

冷弯只限于 *DN*150mm以下管子。

（1）手动弯管器，可以弯制 *DN*32mm以下的管子，弯管插入定胎轮和动胎轮之间，一端用夹持器固定，推动手柄，围绕定胎轮转动，直至完成所需的角度，一对胎轮只能弯一种管径的管子。

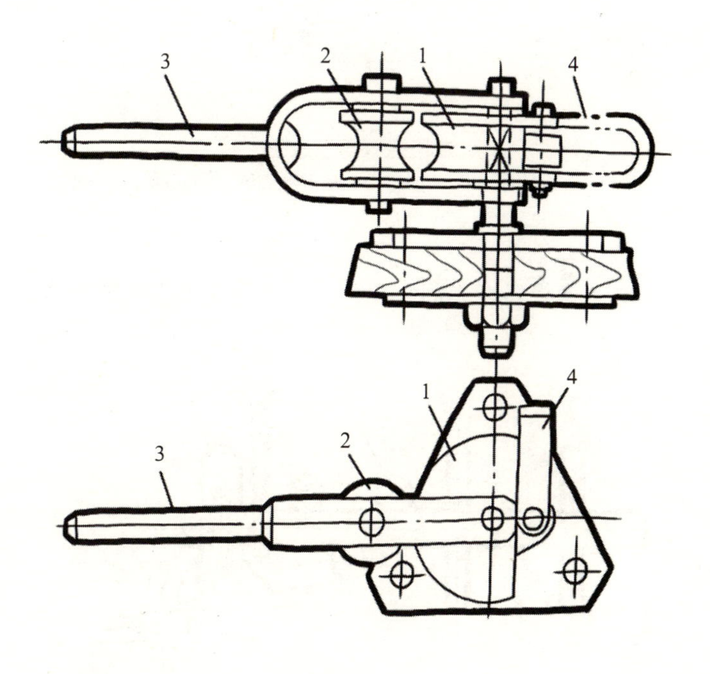

手动弯管器示意图

1 一定胎轮；2 一动胎轮；3 一手柄；4 一夹持器

（2）液压弯管器利用液压原理通过胎模弯管子，顶部一半圆形胎模上凹槽与管子的外径相同，顶杆液压伸长弯管。

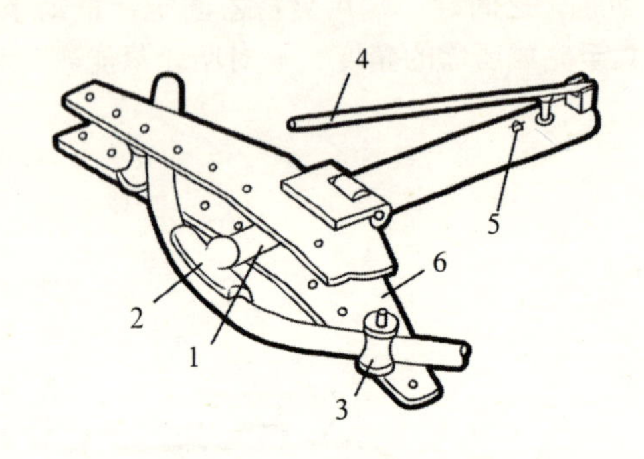

液压弯管器示意图

1 —顶杆；2 —胎模；3 —挡轮；4 —手柄；5 —回油阀；6 —钢板

（3）电动弯管器在车间里操作，一般弯制难度大的管子。

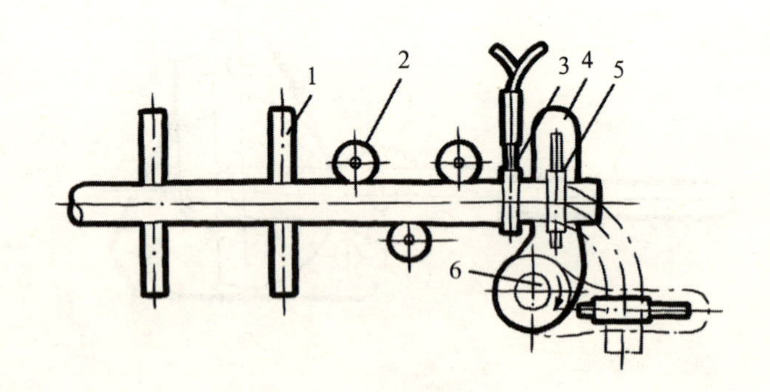

电动弯管结构图

1 —托轮；2 —导轮；3 —火焰圈；4 —拐臂；5 —夹头；6 —主轴

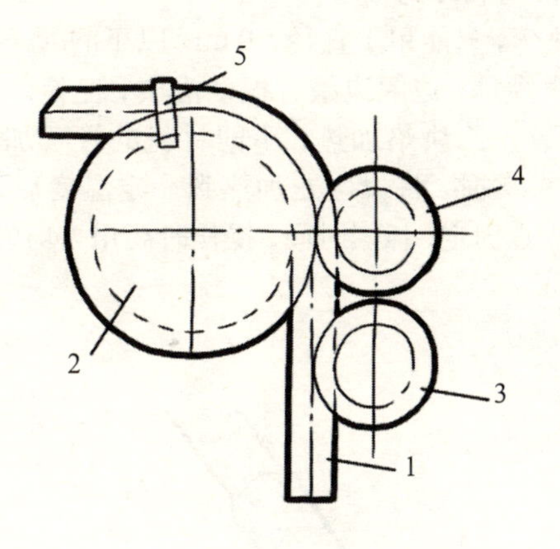

弯管示意图

1 —管子；2 —弯管模；3 —导向模；4 —压紧模；5 —U 形卡

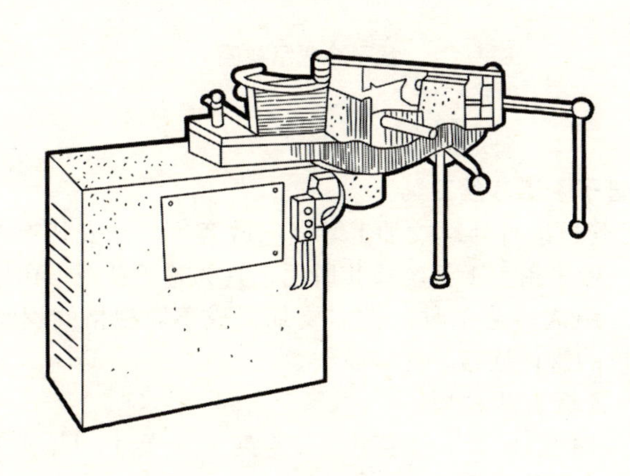

电动弯管机示意图

8. 管子的热弯和冷弯

手工充砂热弯，只能用于直径50mm以下的管子，把管子一头堵住，往管子里灌砂，边灌边敲打振动灌实，把管口堵住，在施工现场一般采用氧—乙炔焰加热，不同材料的管子加热温度不同，需要根据经验来掌握，将揻弯处加热到一定温度后，把管子一端和揻弯处采用支点固定，抓紧时间，操作时要用力均匀，掌握弯度。

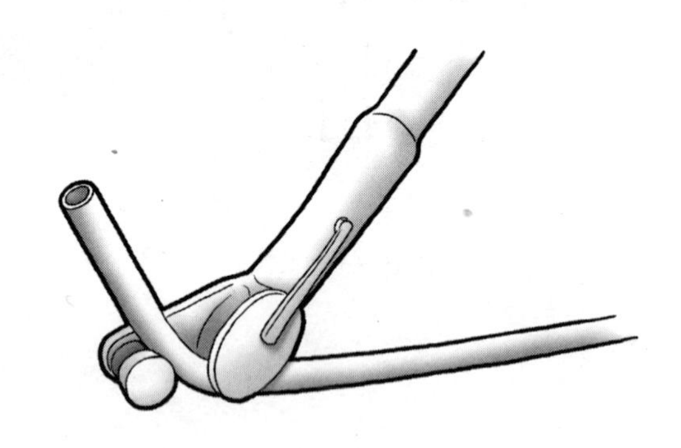

管子冷弯示意图

9. 管子手工套丝工具

钢管管口进行外螺纹加工习惯叫做套丝，是安装管道的基本技术，一般采用手工套丝。其所用工具为管子铰板，由机身、扳把和板牙组成。施工时，按需要加工成不同规格的螺纹，选用不同规格的管件连接，安装操作。

套丝铰板有两种规格

(1) 114 型：可套1/2英寸、3/4英寸、1英寸、1¼英寸、1½英寸、2英寸六种管螺纹。

(2) 117 型：可套2½英寸、3英寸、3½英寸、4英寸四种管螺纹。

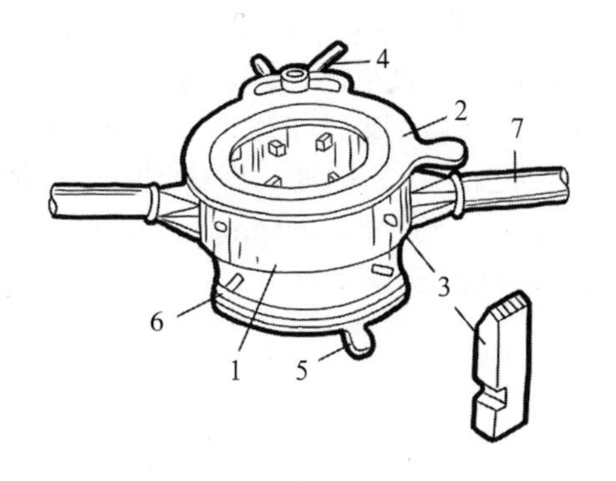

管子套丝铰板示意图

1 —本体；2 —前夹板；3 —板牙；4 —前卡板压紧螺扣纹；5 —后卡板；6 —板牙松紧螺扣纹；7 —手柄

10．管子的手工套丝方法

套丝时，管子留出150mm左右夹在压力钳内卡紧，将管子铰板轻轻套入管口上，带上两三扣，再站到侧面按顺时针方向转动手柄，丝口上加点机油，套丝用力均匀，快套成时，松开扳机，退板，保持丝口应有锥度，使连接更紧密。一般套丝要扳2～3次套成，每套一次，板牙较前次稍加紧缩。

手工套丝示意图

11.管子的机械套丝

机械套丝是用机械加工管螺纹，目前已普遍采用。工人操作要稍加培训，以免发生事故，套丝机要低速工作，不得加速，不可用锤击旋紧或放松挡脚、进刀手把和标盘，套长管时，要把管子架平，套好丝后，要缓缓推出。直径在40mm以上的管子要分两次完成，注意两次套丝的螺纹轨迹要重合。

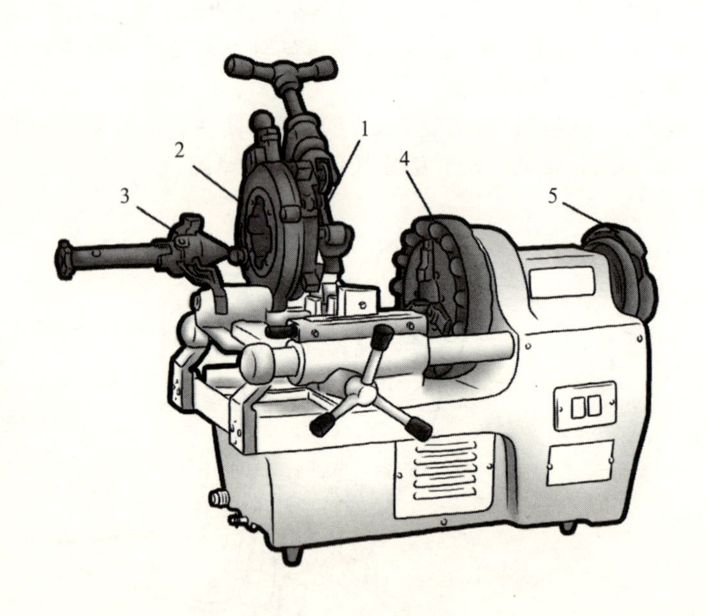

套丝切管机示意图

1—切刀；2—板牙头；3—铣刀；4—前卡板；5—后卡板

12.管子下料量尺方法

（1）直管量尺：可使尺头对准后方管件的中心，读前方管件的中心，得出管段的构造长度。

（2）沿墙等量尺：尺头顶住墙表面，读另一侧管件的中心读数，再从读数中减去管道与墙面的中心距离，则得到管段的构造长度。

（3）楼内立管量尺：应将尺头对准楼层地面，读出标高净值，应吊线弹出立管垂直中心线上量尺，比较准确。

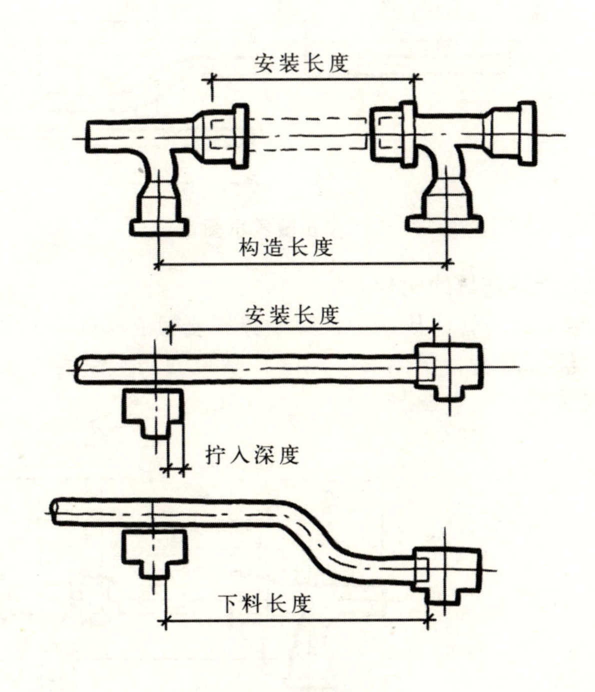

管段长度示意图

13. 管子下料比量法

比量下料的方法简便实用，应用广泛。

（1）螺纹连接的比量下料

管子一头拧好管件，用连接后方的管件比量，使其与前方管件的中心距离等于构造长度，从管件边缘按拧入深度，在直管上画出切割线，套丝安装。

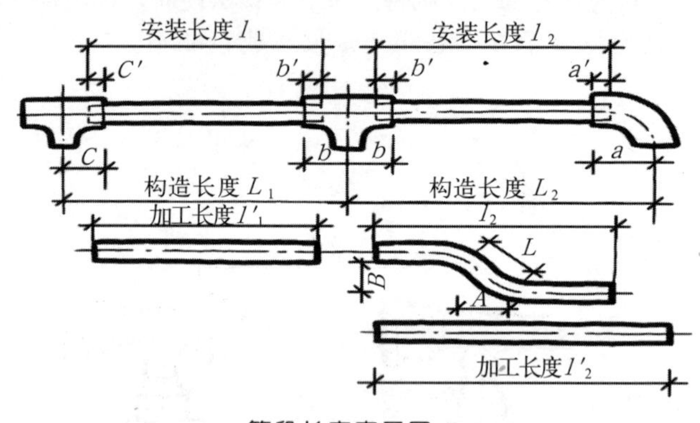

管段长度表示图

（2）承插连接的比量下料

在地上将两管件放在一根管子旁，使管子承口处于前方管件插口的插入深度，量出另一端管件承口的插入深度，画线切割套丝安装即可。

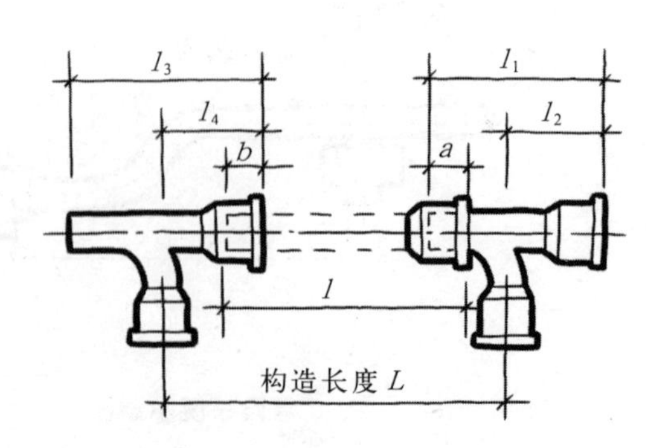

承插管下料示意图

七、管道的施工

1．给水引水管的引入

建筑物的给水引入管一般只设一条，在靠近用水量最大的地方引入，如用水均匀，则可从中部引入。

引水管穿过承重墙和基础时，应预留孔洞，管径在50～100mm的留300mm见方的洞，管径在125～150mm的留400mm见方的洞，引入管上应设阀门，还应设泄水装置，便于维修时放水。

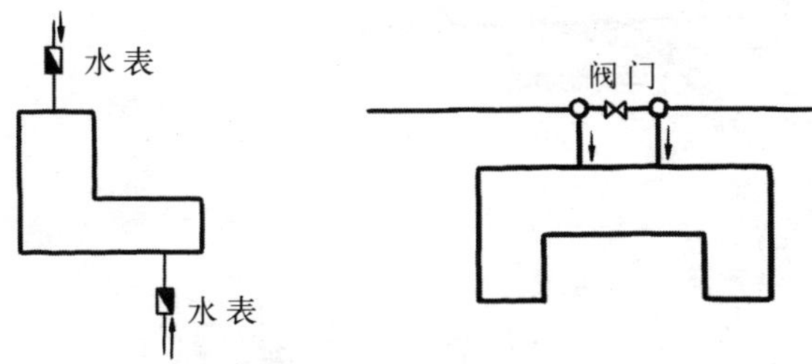

建筑物不同侧引入示意图　　　　建筑物同侧引入示意图

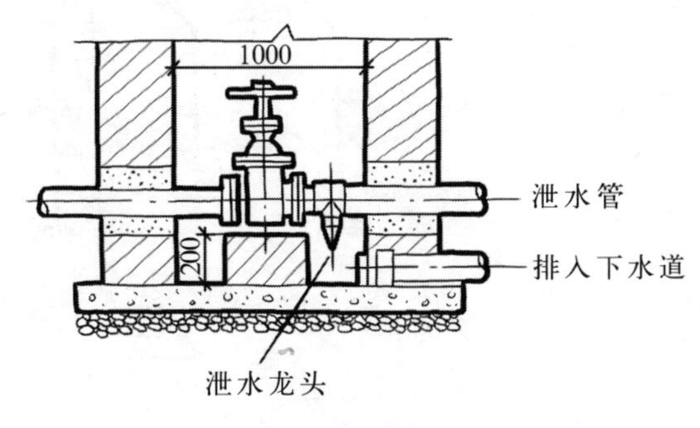

泄水阀门井示意图

2．室内给水管管网

室内给水管宜采用枝状布置，单向供水，用水安全性较高时，干管可以布置成环形管网，水平干管所设位置分为下行上给式、上行下给式、中行分给式和环状式。

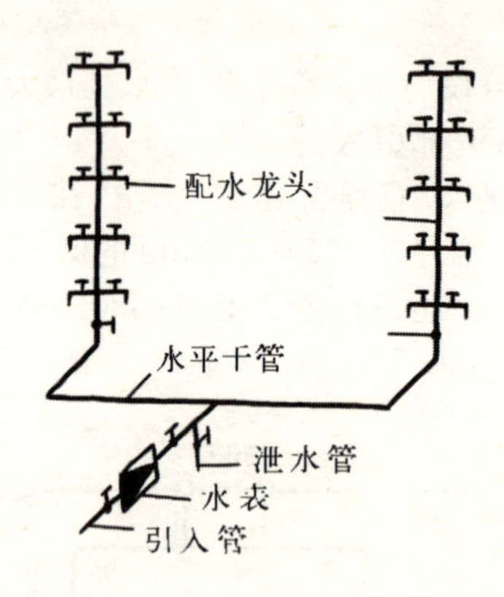

下行上给水示意图

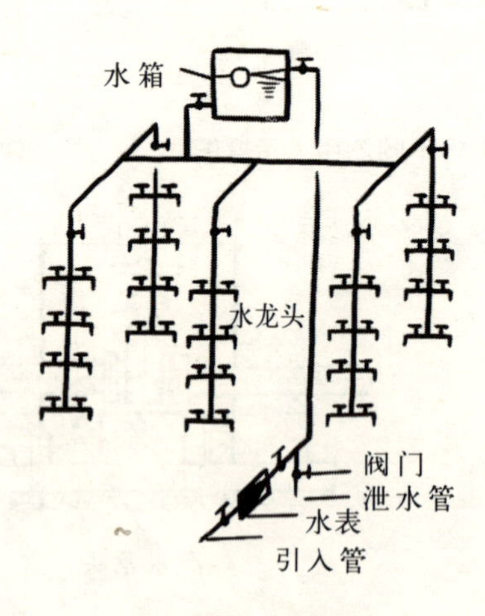

上行下给水示意图

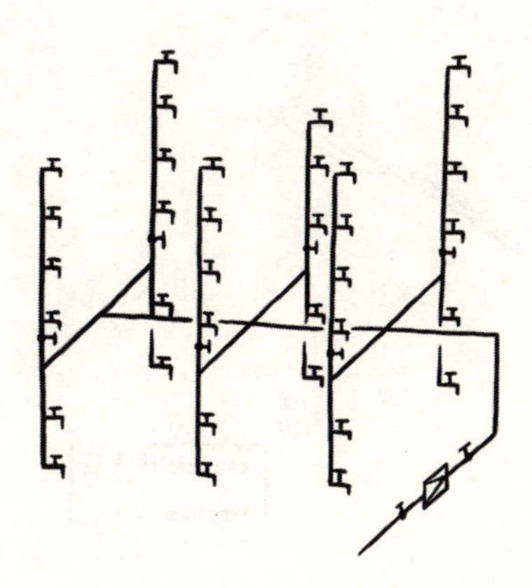

中行分给水示意图

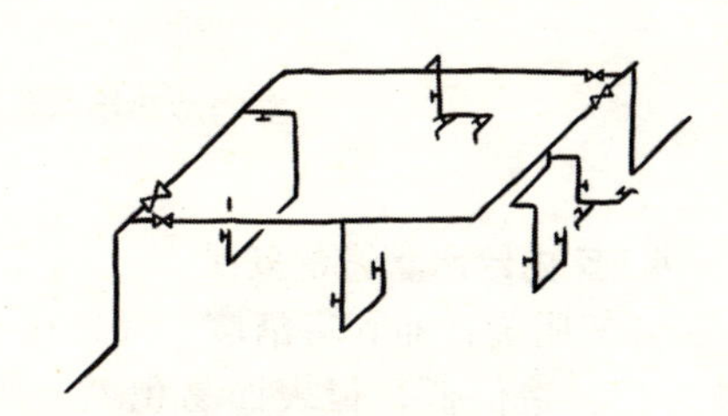

水平干管环状给水示意图

3．室内给水管布置的要点

（1）管道布置力求线路最短，呈直线走向，一般与梁和柱平行布置。

（2）埋地水管不得设在设备振动处，不得穿过生产设备基础和伸缩缝、沉降缝等处。

（3）不得敷设在排水沟、烟道、风道内，不得穿过大小便槽，并注意防腐。

（4）不得与易燃、可燃、有害的液体、气体管道同沟敷设。

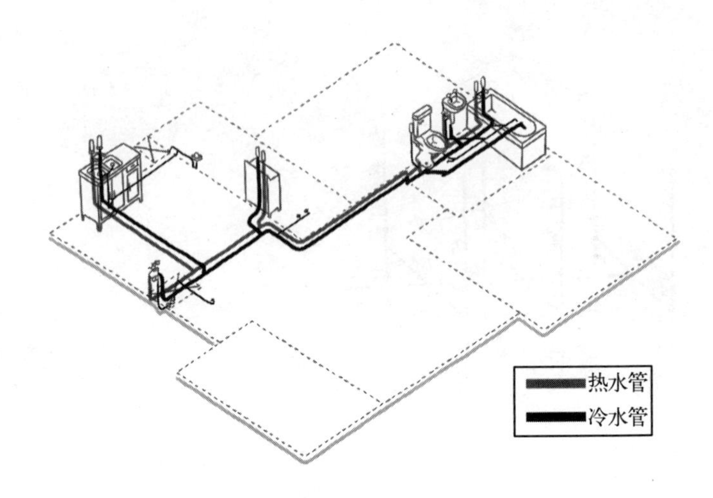

室内冷热给水示意图

4．室内给水管道的安装

（1）明装：即管道沿墙、梁、柱、地板裸露安装，此方法安装方便，造价低，但表面易积垢、产生凝结水且不美观。

（2）暗装：即管道安装在地板下、管井中或墙壁内，这样室内整洁美观，但施工复杂，不易维修，造价较高。

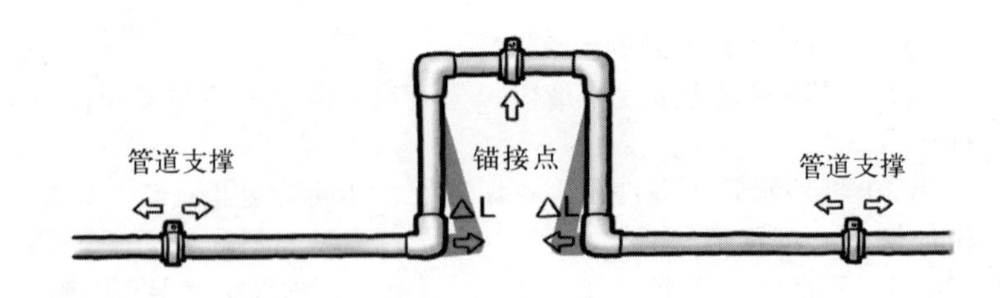

明装管道示意图

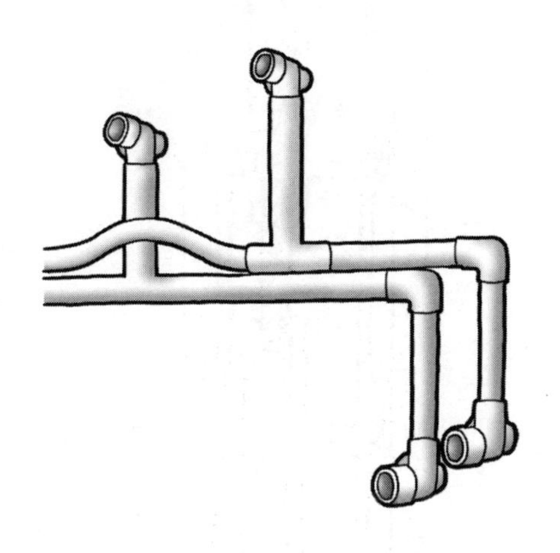

暗装管道示意图

5．室内排水管道的安装要点

（1）管线力求短且直，便于污水排泄。

（2）管道牢固耐用，密封可靠，便于安装维修。

（3）管子连接时，尽量用45°的三通或90°斜三通。

（4）器具排水管上应设存水弯。

（5）排水横支管应有一定坡度坡向排水立管，不得穿过沉降缝、伸缩缝、烟道和风道。

（6）排水立管一般布置在大便器附近的墙角处，使污物最大量地尽快排出。

（7）排水立管应设检查口，检查口距地面1m，方向应便于操作。

（8）排水立管不得穿越卧室，以避免噪声影响。

（9）管道安装要与墙有一定操作空间，穿越楼板要预先留洞。

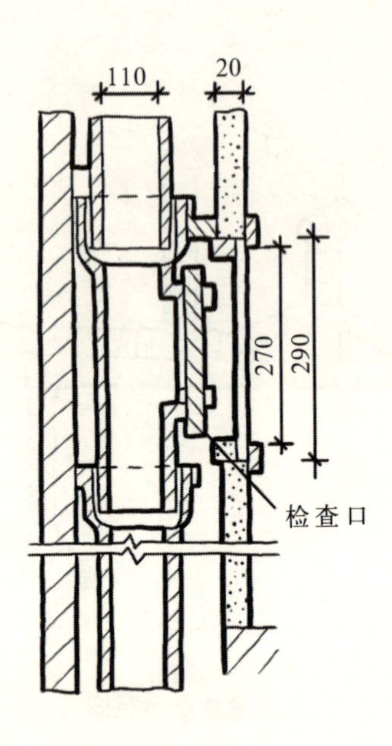

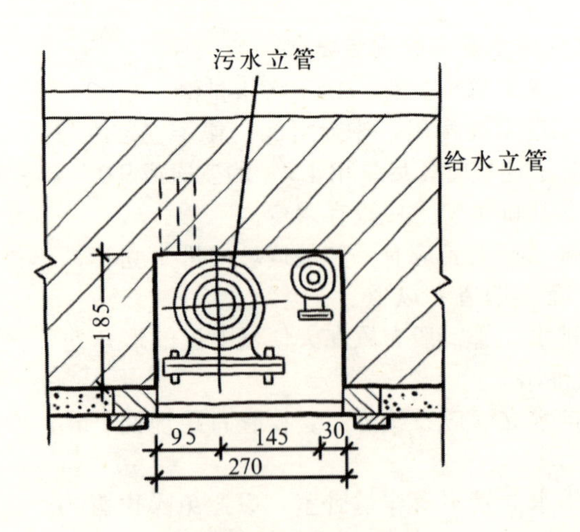

排污管道检修门示意图

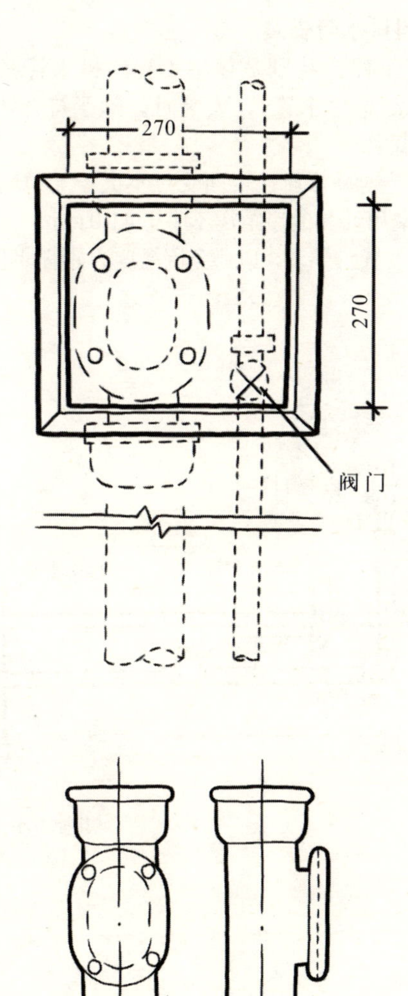

立管检查口示意图

6．室内塑料排水管安装

目前，建筑工程，特别是住宅工程的排水管多采用塑料排水管（UPVC聚氯乙烯排水管），安装时，除了符合铸铁排水管的原则外，还应注意：

（1）避免靠近热源布置，表面受热不大于60℃。

（2）立管与家用灶具的净距离不小于400mm。

（3）立管要设置伸缩节，以避免因温度的伸缩对排水系统的影响。

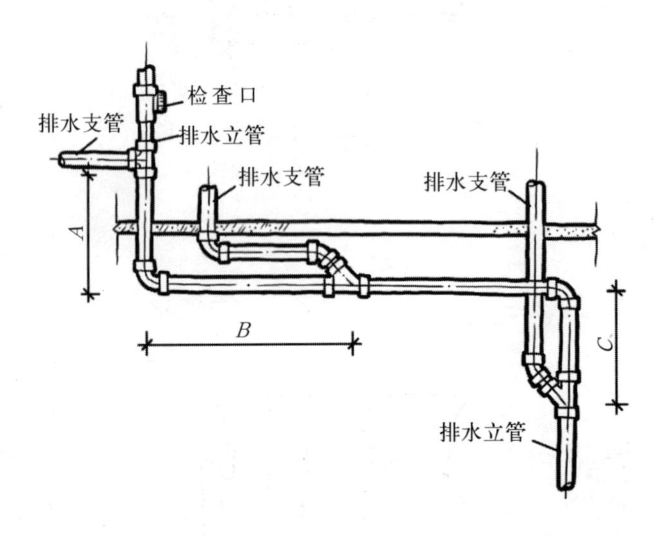

排水立管、支管示意图

7．伸缩节的设立

(1)立管伸缩节的间距不大于4m。

(2)横管用管卡固定或者用螺纹连接，一般可以不设伸缩节。

(3)伸缩节一般设置在三通等管件之上，直管上若无管件可以在任何点设置伸缩节。

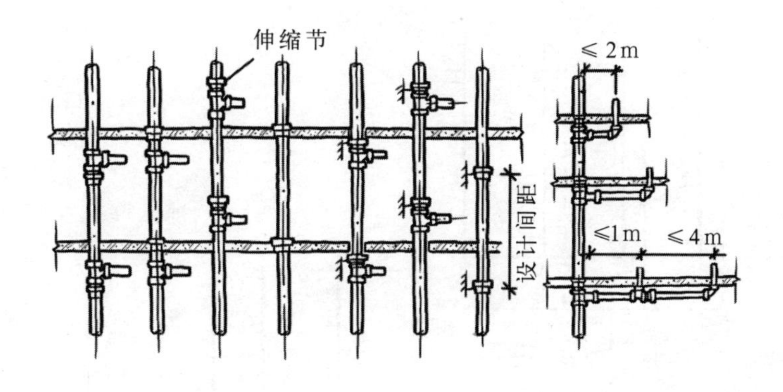

伸缩节设置位置示意图

8．热水供应系统管路的布置

热水管道与冷水管道基本相同，有些特殊要求：

(1) 上行下给式配水干管最高点应设排气装置。

(2) 下行上给式系统可利用最高配水点排气。

(3) 下行上给式热水供应系统的回水立管应在最高配水点以下0.5m处与配水立管连接。

(4) 系统最低点设泄水装置，便于放水维修。

(5) 适当的点上设置闸阀和截止阀，防止倒流。

(6) 热水管道一般明装敷设，暗装设置在管井或地下。

(7) 热水立管应加弯管再和水平干管连接，以免干管伸缩影响。

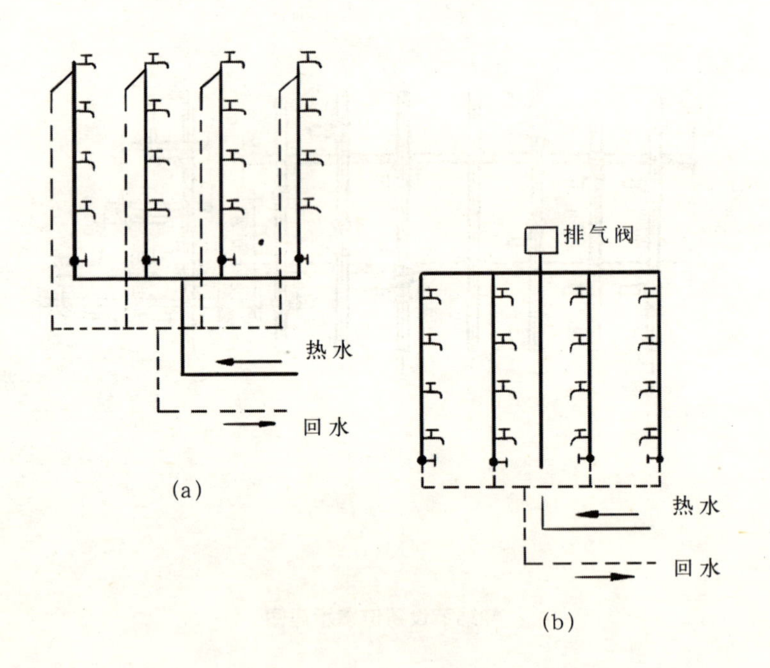

全循环热水系统示意图

(a) 下行上给全循环系统；(b) 上行下给全循环系统

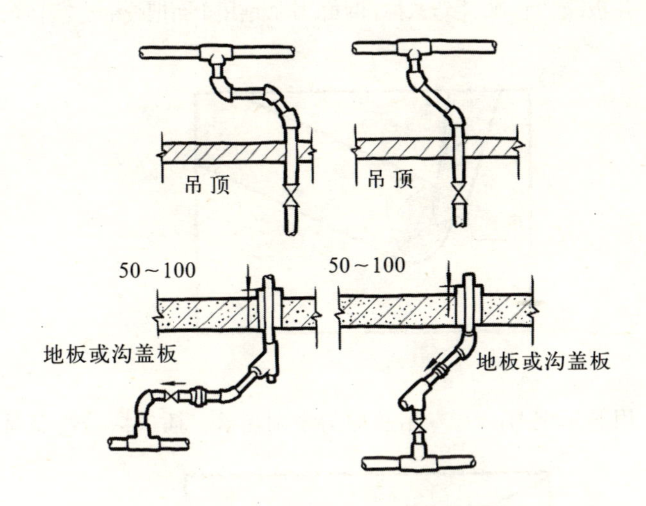

立管与水平干管连接示意图

9．UPVC饮用水管的安装

（1）直径50mm以下的管采用胶粘连接方法。

胶粘操作方法：

1）用细齿锯或切割工具按尺寸要求垂直切断。

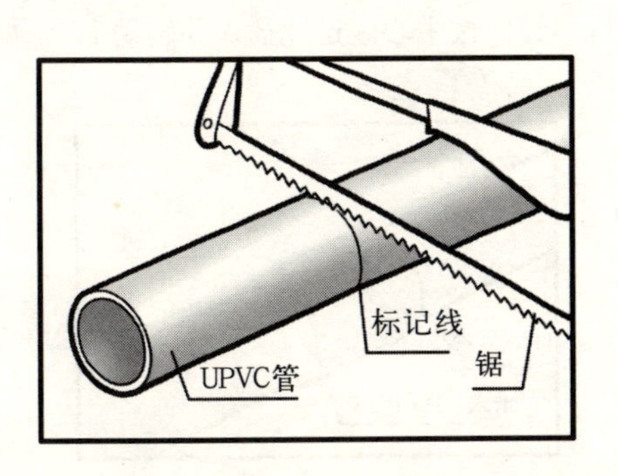

2）用板锉把毛刺，毛边去掉，倒角，刷胶前用干布把胶粘处擦干净。

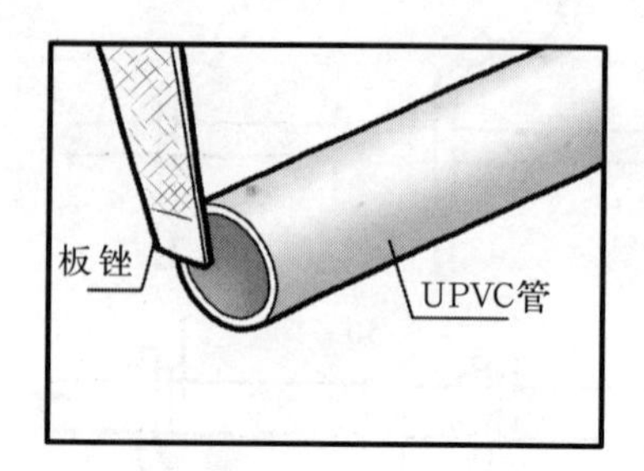

3）用刷子把 UPVC 专用胶均匀涂刷在承、插口粘贴处表面。

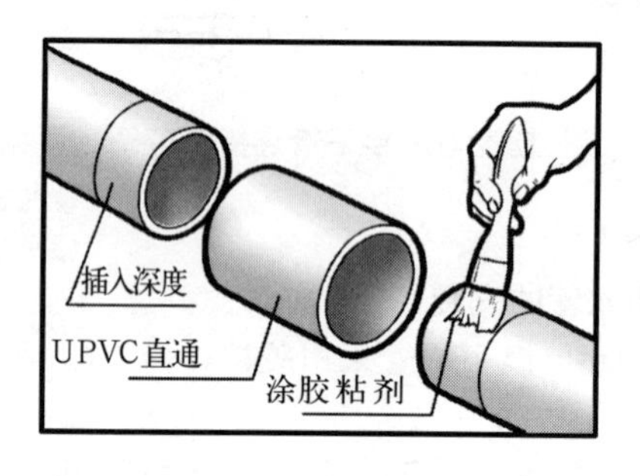

4）把管材、管件按中心线迅速插入并转动 1/4 圈，使胶更均匀。

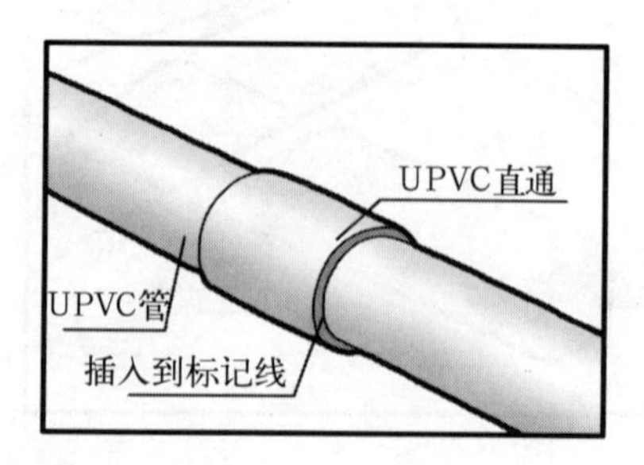

5）用布擦去管材表面多余的胶，2 小时后方可通水试压。

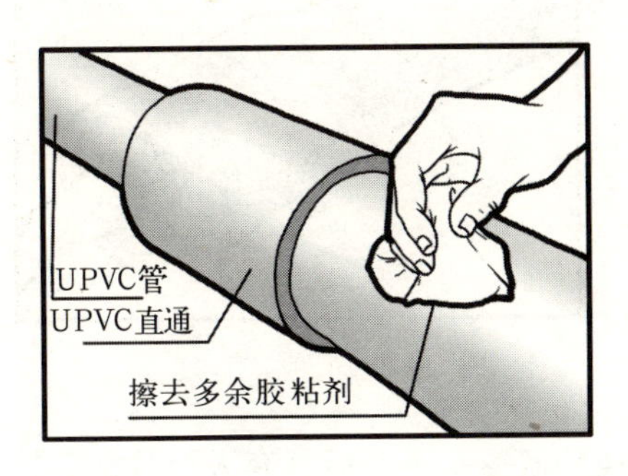

（2）大口径63mm以上的饮用水管采用弹性密封圈连接方法。

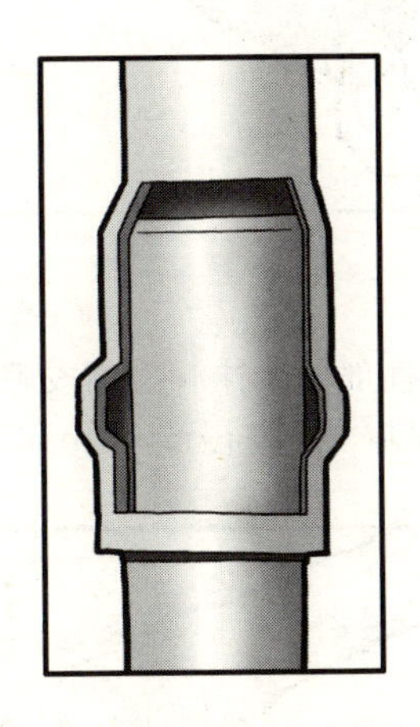

安装操作方法：

1）用布把管材承接口里外擦干净，检验插管是否倒角。

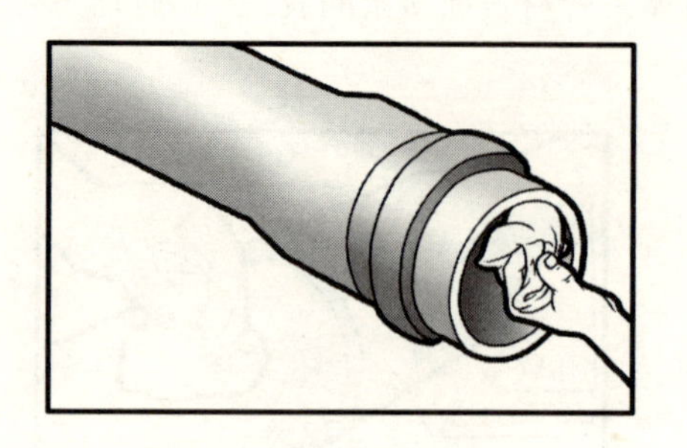

2）取出橡胶圈擦拭干净后再套入原处。

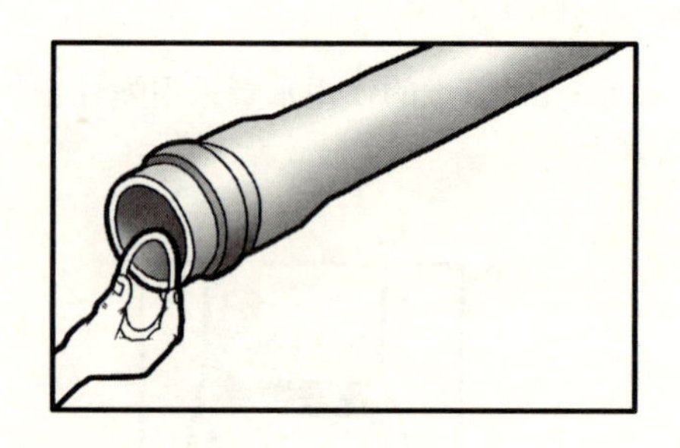

3）用刷子在承插部位涂抹润滑剂或肥皂水，在雄管上标记插入深度，留出伸缩间隙，小口径留10mm，大口径留25mm。

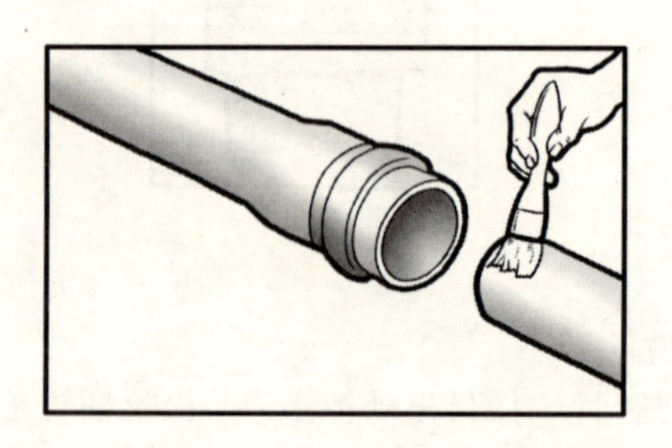

4）雄、雌管套接，小口径用手插入，大口径用专用工具。

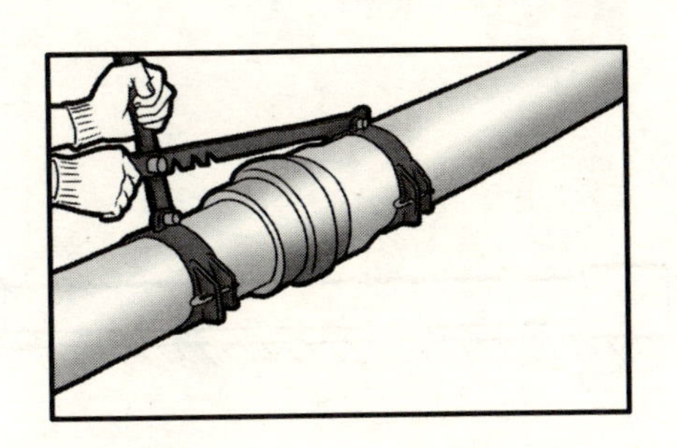

10.UPVC 排水管的安装

UPVC 排水管一般采用胶粘连接安装方法。

UPVC 排水管的安装连接：

(1) 用细齿锯把管子锯断，去掉毛刺，擦去胶粘处灰尘，用毛刷均匀刷胶后插入转 1/4 圈。

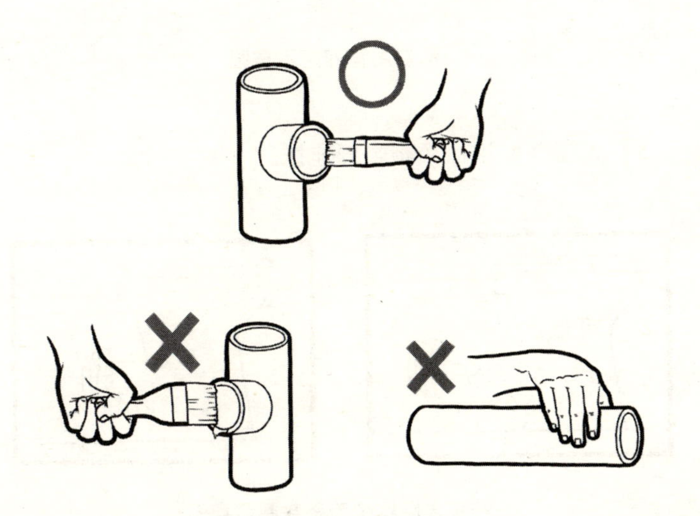

（2）大直径管子安装时要用撬棍或拉紧工具，不得用铁锤敲打。

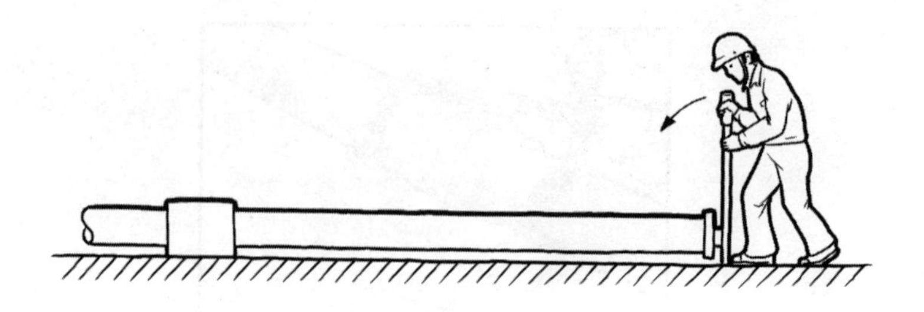

用撬棍顶紧管子示意图

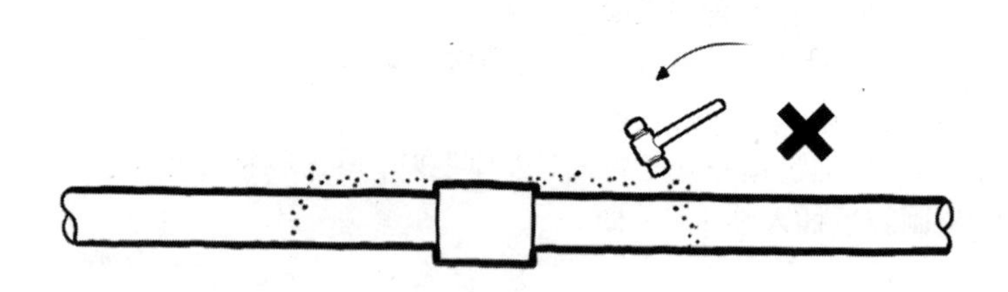

不能用锤敲打示意图

（3）大便器要用橡胶密封圈连接。

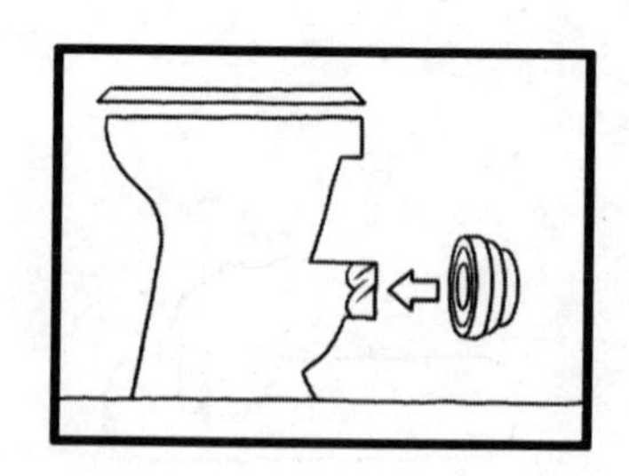

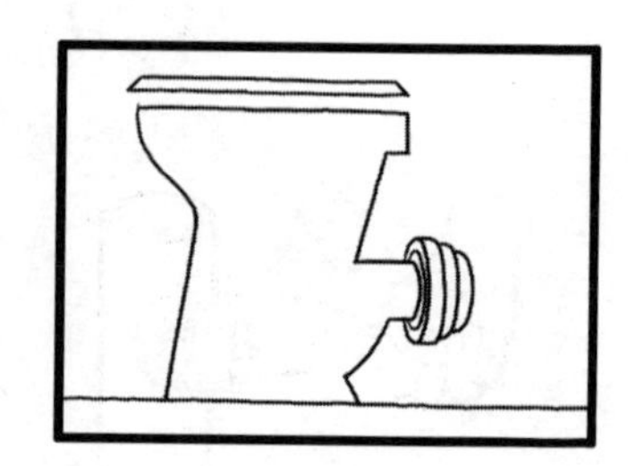

安装大便器橡胶密封圈示意图

（4）地漏排水管要安装存水弯，以防返臭气。

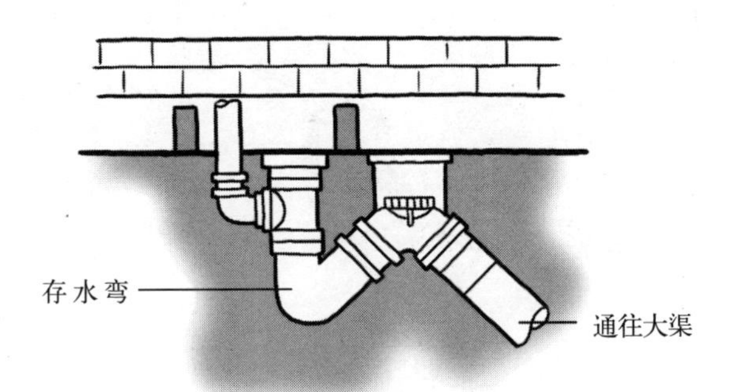

存水弯示意图

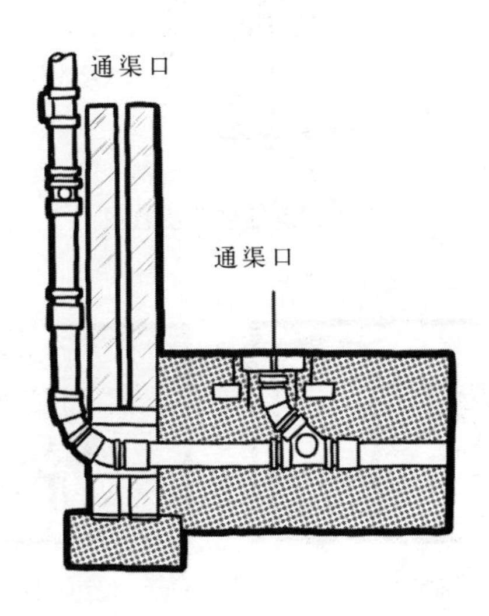

合流方式连接示意图

（5）高层建筑排水主管要安装简易消能装置，可减少主管内的水流冲力，降低排水噪声，起缓冲作用。

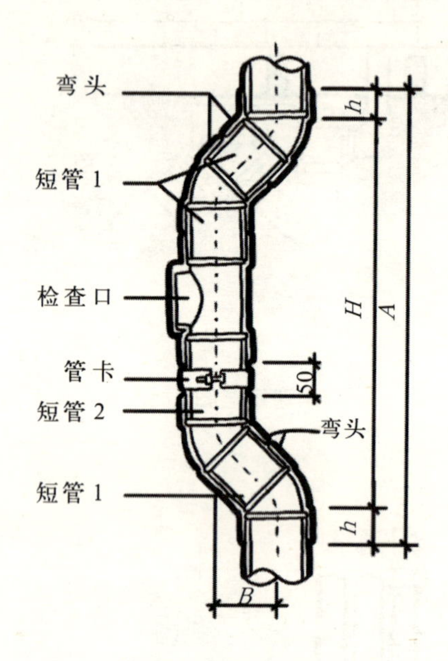

简易消能装置示意图

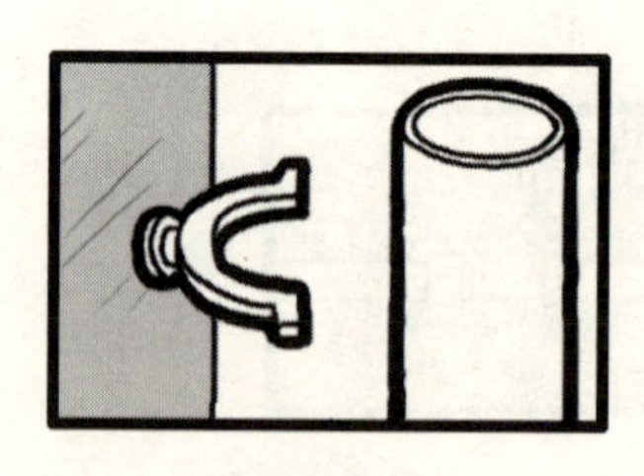

（a）确定位置

（b）将另一边拧上螺扣即可

管卡安装示意图

（6）高层排水管可采用两个斜三通组合或安装 H 管扩大排水通气量。

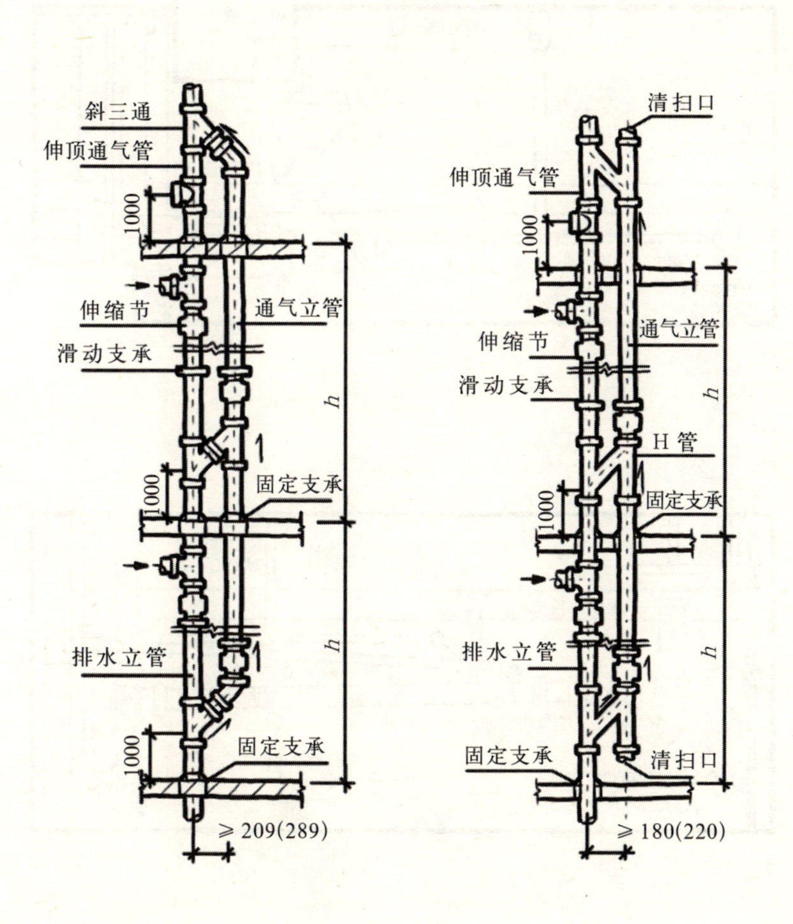

斜三通组合示意图

H 管安装示意图

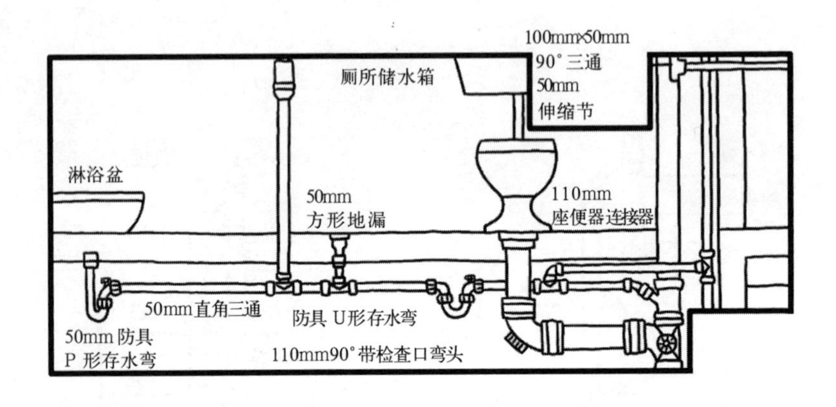
100mm×50mm
90°三通
50mm
伸缩节
厕所储水箱
淋浴盆
50mm
方形地漏
110mm
座便器连接器
50mm直角三通
防具 U形存水弯
50mm 防具
P 形存水弯
110mm90°带检查口弯头

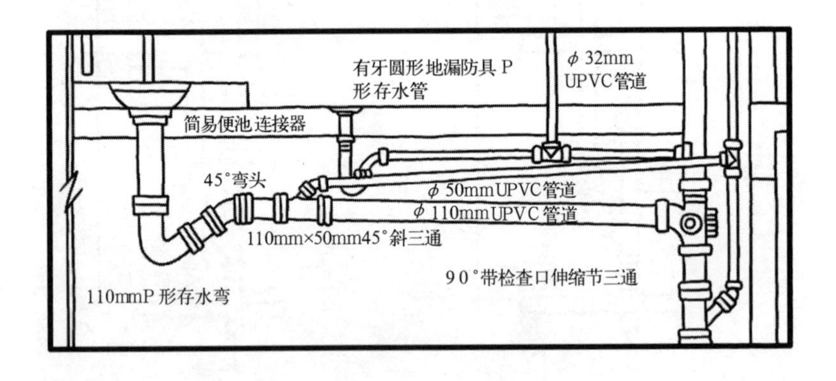
有牙圆形地漏防具 P
形存水管
φ 32mm
UPVC管道
简易便池连接器
45°弯头
φ 50mmUPVC管道
φ 110mmUPVC管道
110mm×50mm45°斜三通
90°带检查口伸缩节三通
110mmP 形存水弯

卫生洁具安装示意图

11. 铝塑复合管的安装

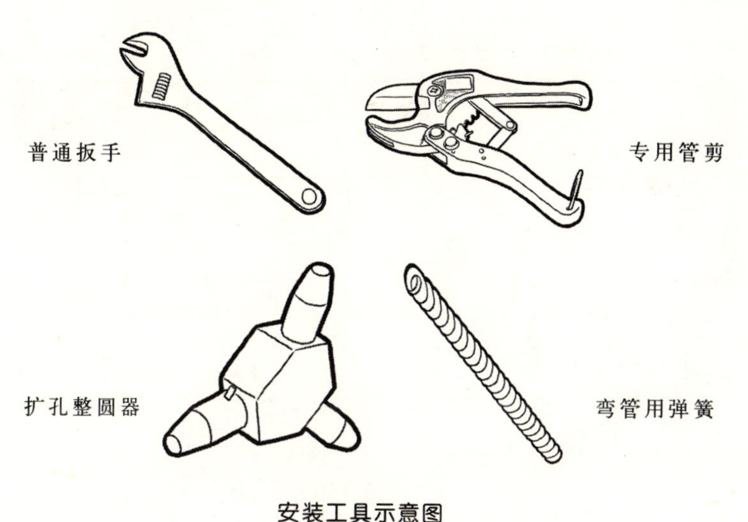

安装工具示意图

（1）铝塑管安装可采用明装或暗装，搬运装卸不许抛、摔、拖，要水平堆放。

（2）管径小于32mm的除直角需用弯头连接外，应采用管子直接弯曲的方法，管子直接弯曲半径不得小于五倍的管子外径，要一次弯成不能多次弯曲。

（3）把弯管专用弹簧插入管内均匀弯曲。

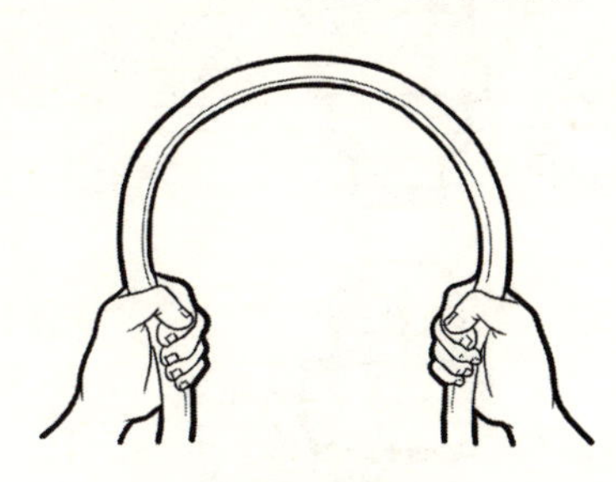

弯管示意图

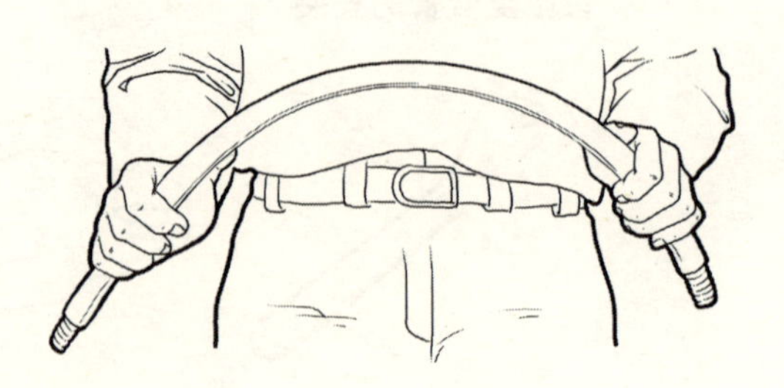

插入专用弹簧弯管示意图

（4）铝塑管安装顺序

1）用专用管剪剪断管子。

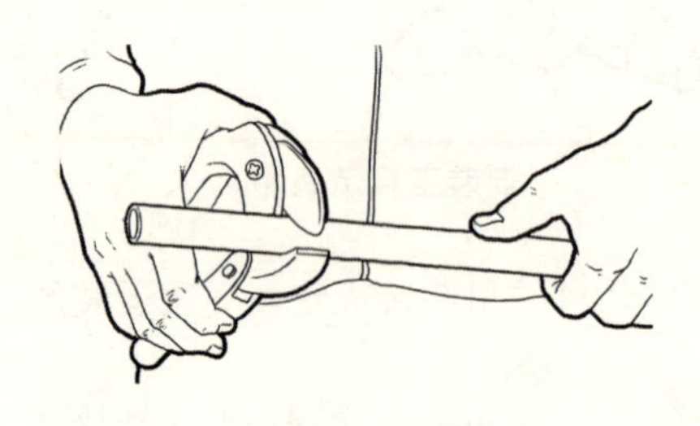

2）把管件螺帽和C 型压环套在管上。

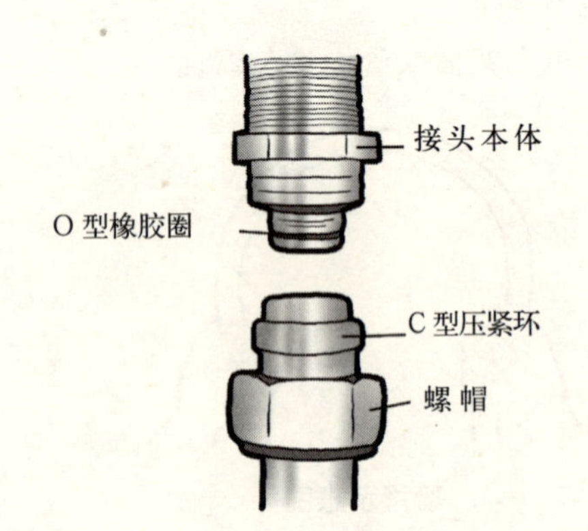

3）把扩孔器插入管子内扩孔，整圆。

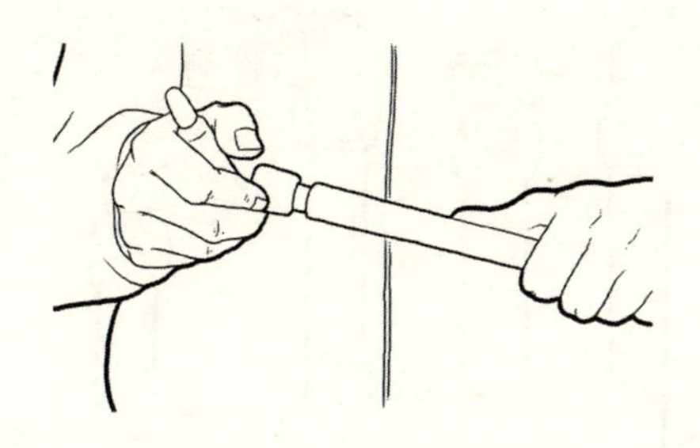

4）把管件插入连接。

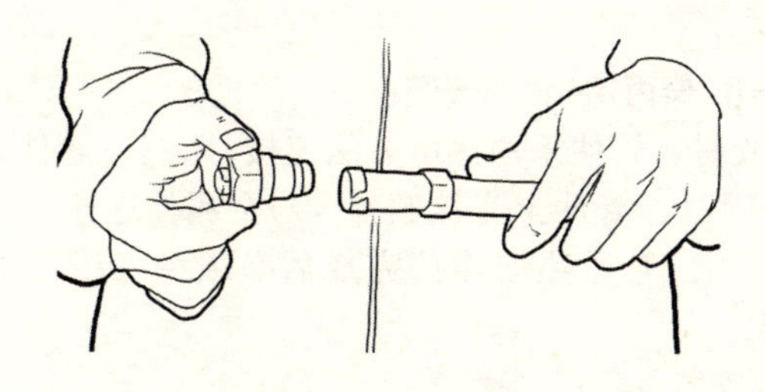

5）用扳子紧固管件螺帽。

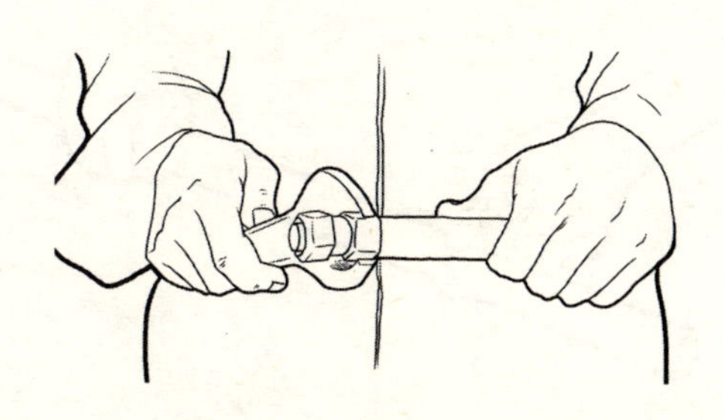

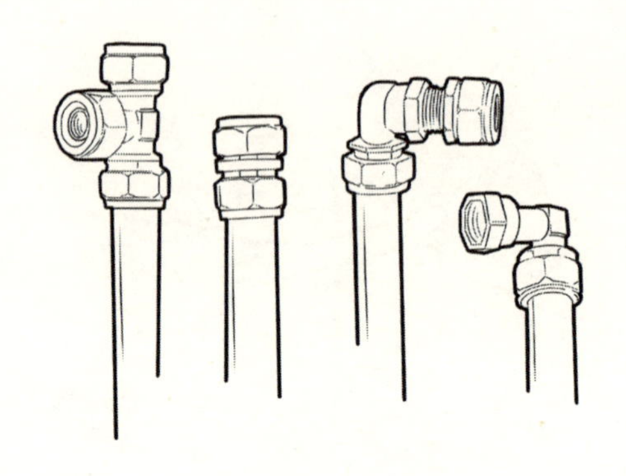

接头和管连接示意图

12. PP–R(聚丙烯)管的安装

PP–R 管材、管件采用热熔方法连接，管材、管件必须同一材质，不许在管材、管件上直接套丝，与金属件连接必须使用带金属嵌件的管件。管道热熔连接完成后必须经打压验收合格后才可投入使用。

PP–R 管安装步骤：

(1) 用专用剪刀垂直切断管子，并去掉毛刺。

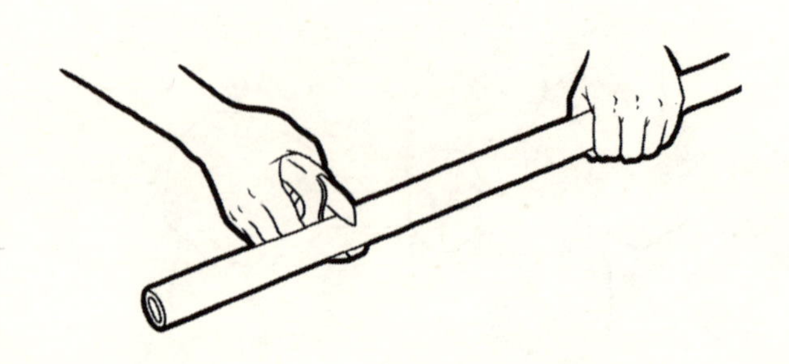

（2）在管子上做好插入管件深度标记。

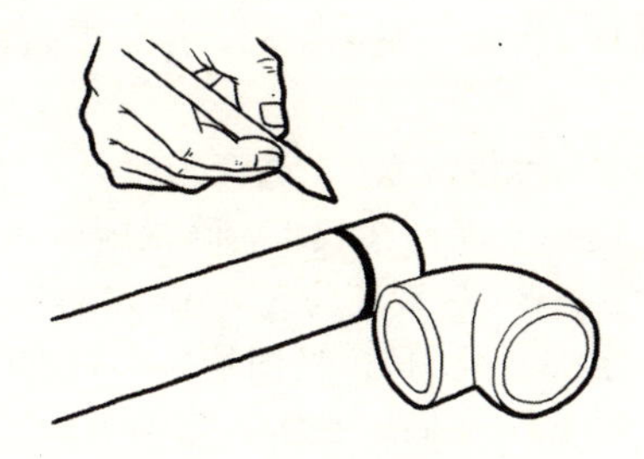

（3）把管材、管件插入热熔机加热到热熔温度。

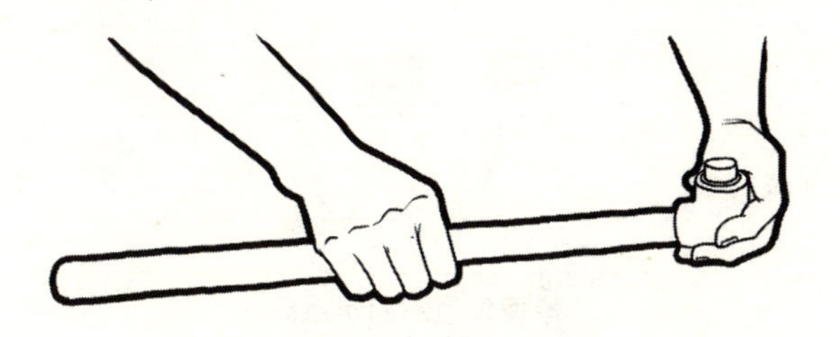

（4）加热完成后把管材平稳均匀地插入管件内。

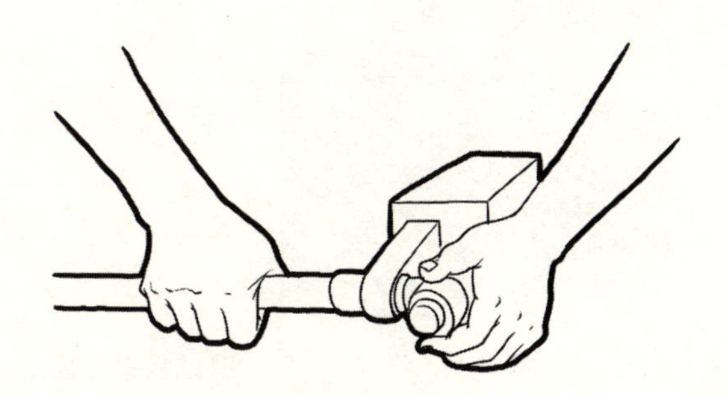

13. PP–C 管的地板采暖的安装

地板采暖是把采暖管安装在地板下面，热量由下而上传导，散热均匀，不需要暖气片，扩大了室内空间，并可提高室内温度，是理想的采暖方式。

（1）分配器安装要与地板成水平，高度为地面300mm以上。

（2）清理楼板地面用水泥砂浆找平，确认地面水平。

（3）安装隔热保温材料，厚度应为30mm 左右。

（4）安装板式固定夹间距均匀（按图纸要求）固定牢固。

（5）将管材均匀排列夹在固定夹上，弯曲管材最好采用热水循环操作。

（6）满铺混凝土水泥砂浆，厚度为管材上表面25mm 左右。

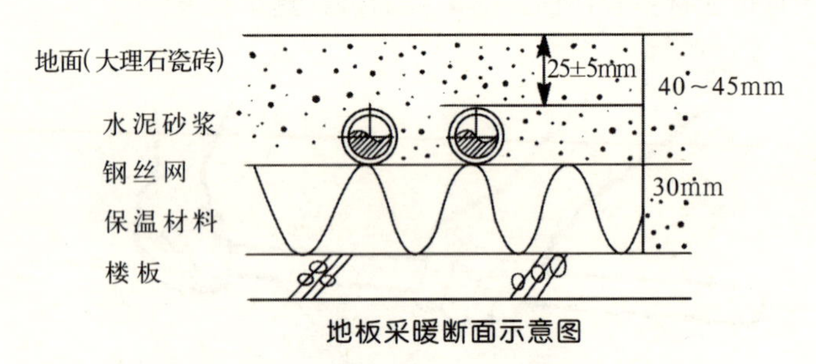

地板采暖断面示意图

最后地面（地板胶、大理石等）

混凝土层

管材

隔热层

地板采暖管安装示意图

14. 管道螺纹连接

螺纹连接，也称丝扣连接，可用于冷、热水、煤气以及低压蒸汽管道。管螺纹分为55°和60°两大类，国内多用55°，引进项目多是60°。螺纹有圆锥形和圆柱形，管子和管件连接时，必须顺时针缠绕油麻丝，铅油(冷水)填料，热水最好用生料带缠绕做填料，生料带耐高温，密封性好。

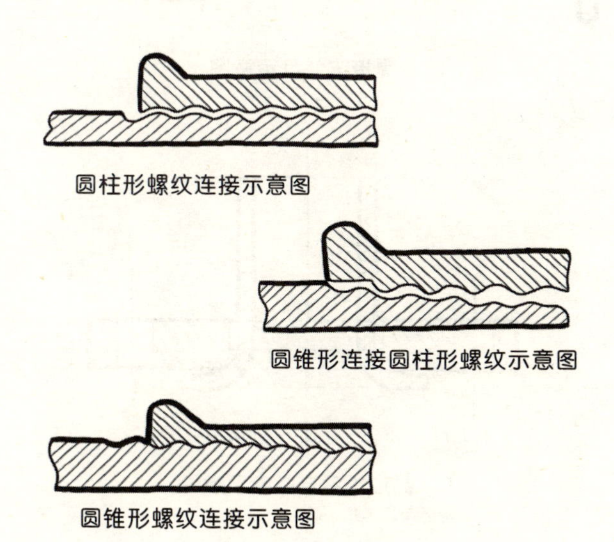

圆柱形螺纹连接示意图

圆锥形连接圆柱形螺纹示意图

圆锥形螺纹连接示意图

15. 管道法兰连接

就是将两个管口上的一对法兰盘，在中间加入垫圈，用螺栓拉紧密封连接牢固，法兰盘有铸铁和钢制两种，连接时，有螺纹、焊接、翻边三种形式，其中焊接最常用。

平焊钢法兰与管子的装配是用手工电弧焊接，焊接时一是注意水平对正后焊接，二是防止法兰变形，应对称方向分段焊接。

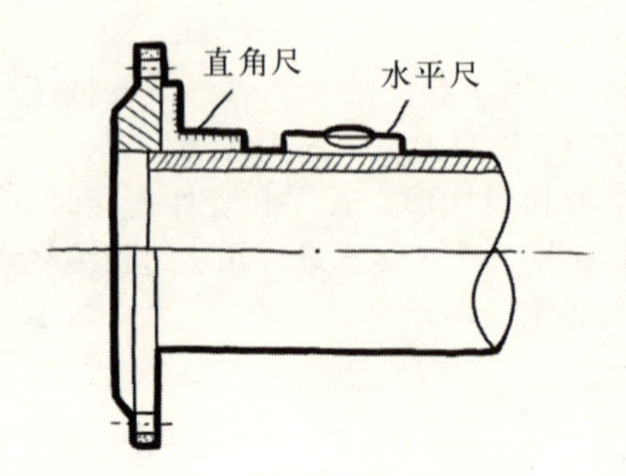

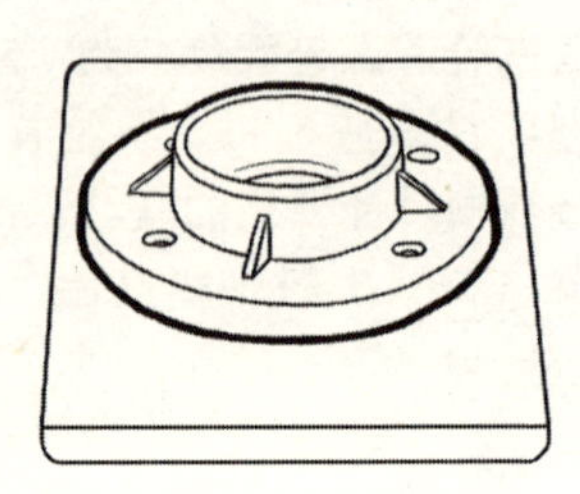

焊接法兰盘示意图

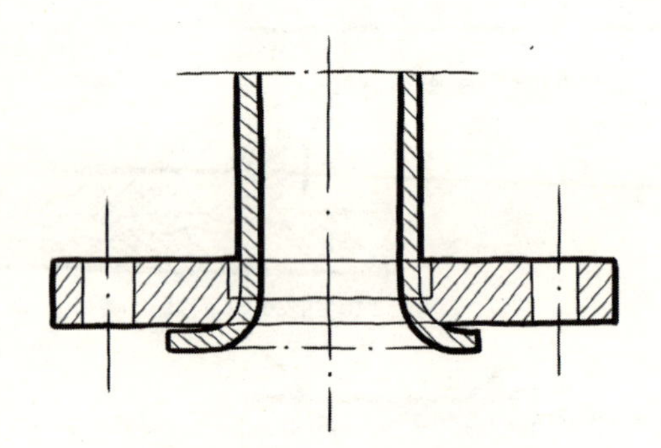

翻边松套法兰盘示意图

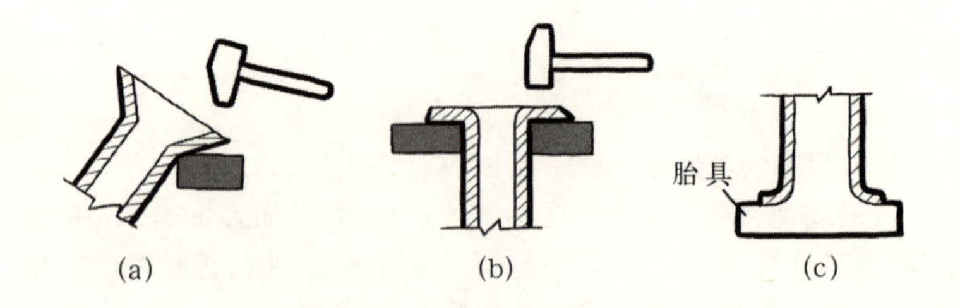

管子翻边示意图

（a）铜管翻边；（b）钢管翻边；（c）塑料管翻边

16. 常用管道垫圈

（1）橡胶垫圈适用于一般水、液体、压缩空气的输送管道，适用于一般的温度和较低的压力。

（2）橡胶石棉板垫圈是橡胶和石棉混合制品，适宜输送水、蒸汽、压缩空气、煤气等，温度在200～450℃，垫圈用于水和压缩空气时，应涂鱼油和石墨粉拌合物，用于蒸汽管道垫圈时，应涂机油和石墨粉拌合物。

（3）金属垫圈适用于高压管道法兰连接，能够保证垫圈不变形。

（4）法兰连接螺栓紧固要对角顺序紧固。

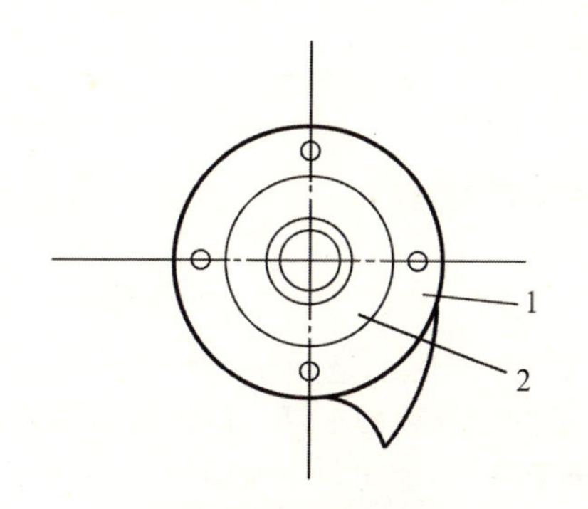

法兰、垫圈示意图

1—法兰；2—垫圈

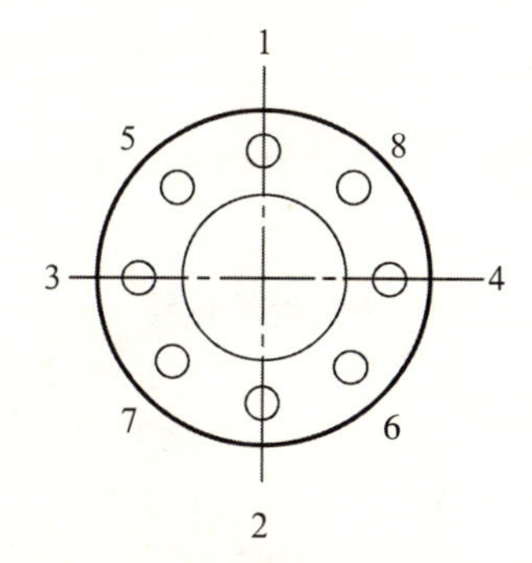

法兰螺栓紧固顺序示意图

17. 管子承插口连接

就是把承插式铸铁管的插口插入承口内，然后在四周的间隙内填料打实打紧。一般常用石棉水泥接口，用三份石棉绒，七份水泥拌合，手捏成团，捻口时，先将浸泡好的油麻丝拧成麻股，塞入承口内，然后将石棉水泥填入，分4～6层打完，一个接口要一次打完，紧密程度以锤击发生清脆声音，石棉水泥呈现水湿现象最好，养护48小时，浇水2～4次，冬季要做好保温处理。

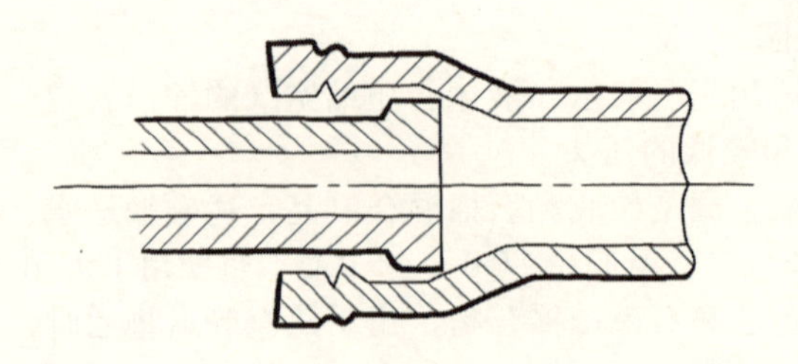

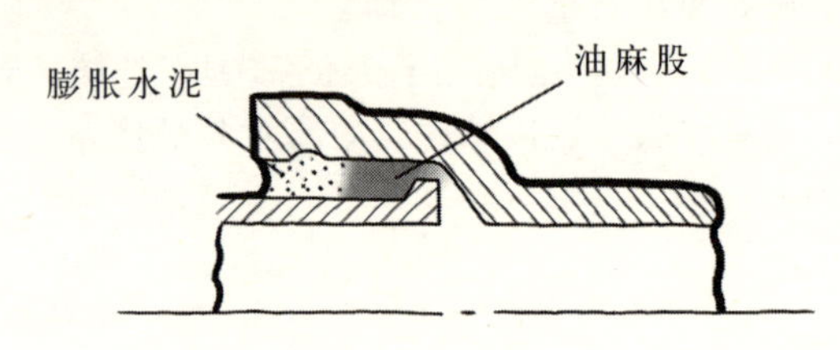

石棉水泥接口示意图

18．塑料管的粘结

粘结是用胶粘剂将两段管粘结在一起，适用于塑料管、玻璃管、石墨管等，一般适用UPVC的给水和排水管，应用最多的是排水管；用干布把管子粘结处擦干净，迅速均匀涂抹UPVC专用胶，把管材插入管件后并转1／4圈使胶更均匀，保持20秒不动使胶固化。

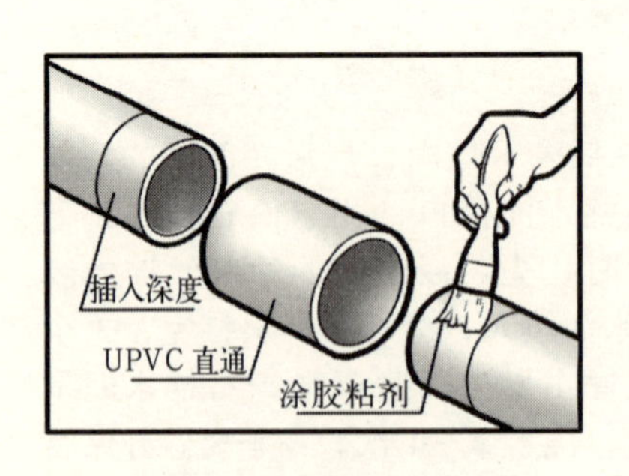

UPVC胶粘示意图

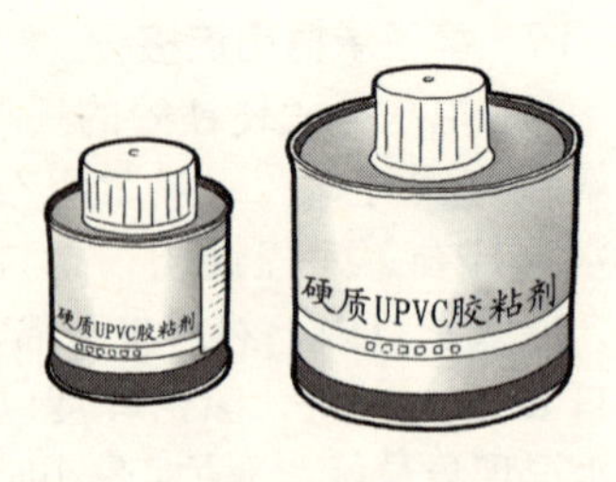

UPVC胶粘剂示意图

19. 塑料管的熔接

主要是用于PP-C和PP-R等共聚无规聚乙烯管道，它的做法是用专门的熔接设备将管子与管件分别套入熔接设备中加热到260℃，保持5秒钟以上，把管材垂直插入管件，用力均匀。

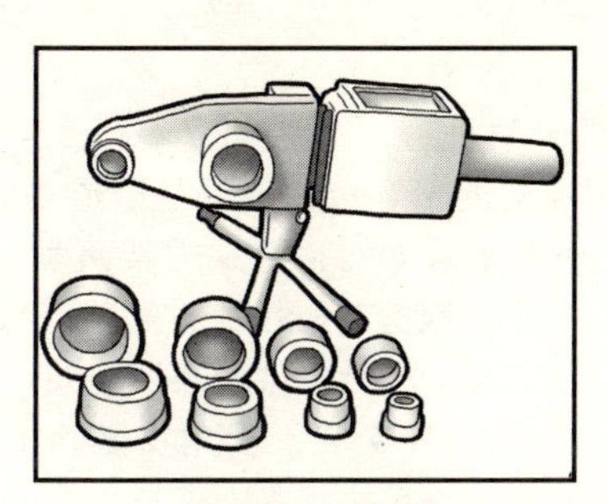

热熔机示意图

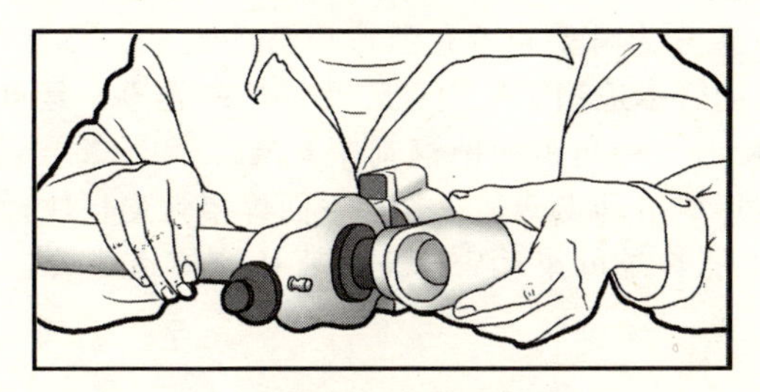

热熔操作示意图

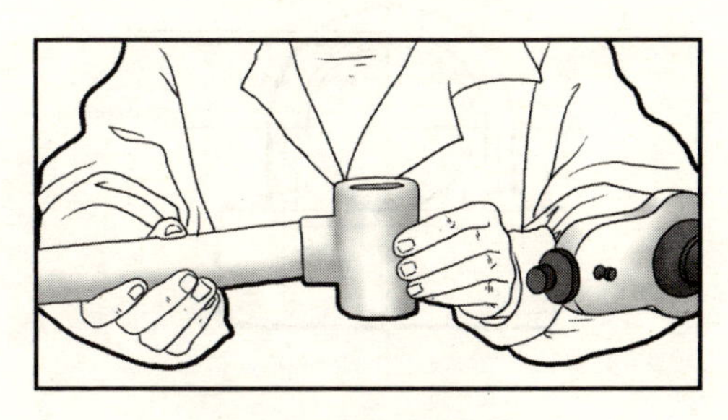

管材管件连接示意图

八、支架安装与吊装

1.管道支架的分类

支承管道并限制它变形和位移的就是管道安装工程的重要构件—管道支架，分为活动支架和固定支架两类。

（1）从材料分，分为钢支架和混凝土支架；

（2）从力学特点，分为刚性支架和柔性支架；

（3）从形状，分为悬臂支架、三角支架、门形支架、弹簧支架和独柱支架。

2.滑动支架

滑动支架分为滑动管卡和弧形板滑动支架。

（1）滑动管卡适用于室内采暖及供热的管道，是可用圆钢和扁钢制作管卡，用角钢和槽钢制作支架。

（2）弧形板滑动支架是在管子下面焊接弧形板块，是为了防止管道在热胀冷缩的滑动中与支架直接摩擦造成管道的损伤。

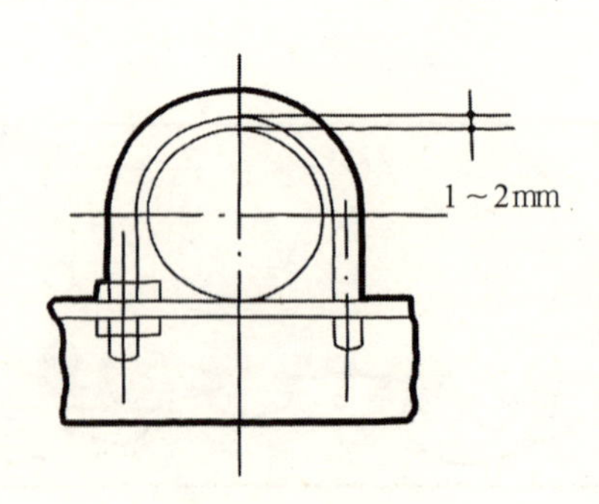

滑动管卡示意图

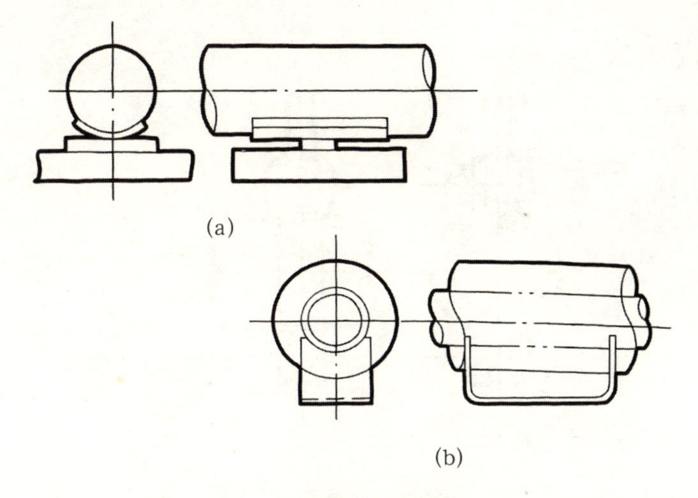

滑动支架示意图

（a）弧形板滑动支架；（b）高滑动支架

3.悬吊支架

悬吊支架分为普通吊架和弹簧吊架。普通吊架由卡箍、吊杆和支撑架组成，用于口径较小无伸缩性或者伸缩性很小的管道。弹簧吊架由卡箍、吊杆、弹簧和支撑结构组成，用于有伸缩性和振动较大的管道。

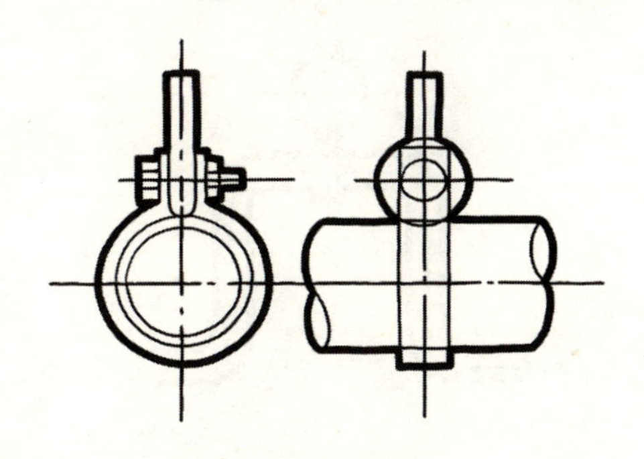

悬吊支架示意图

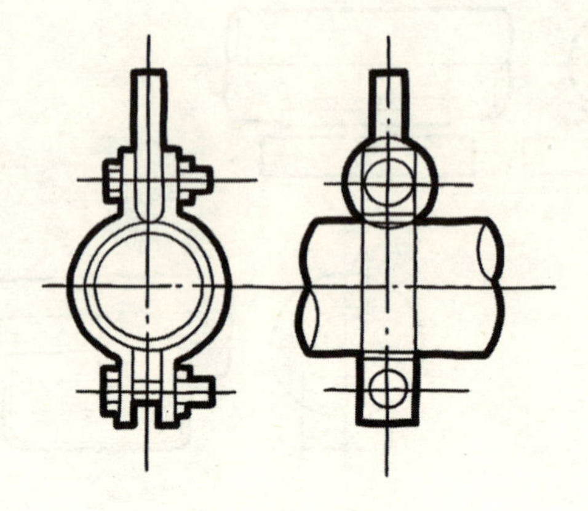

普通吊架示意图

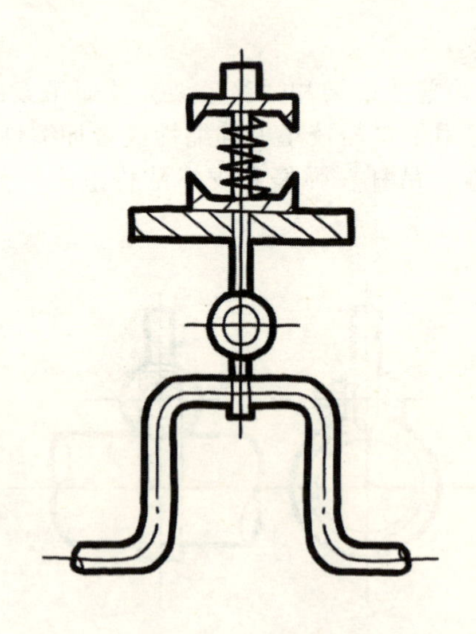

弹簧吊架示意图

4. 固定支架

固定支架种类繁多，可以根据标准图和施工图制作，它是为了防止管道因过大的热应力而引起的破坏，均匀分配管道的热伸长，防止管道变形。

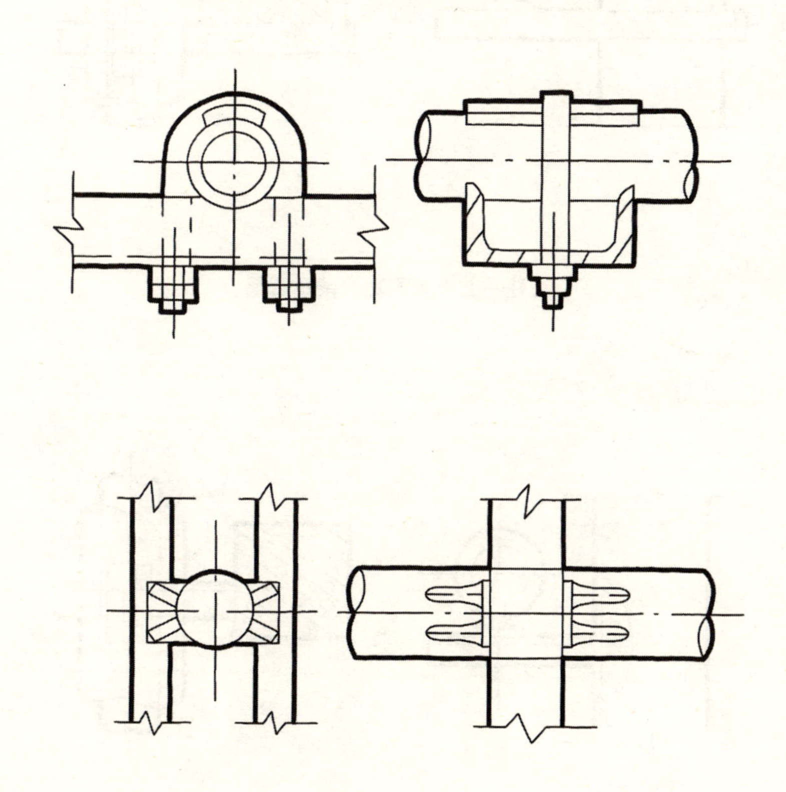

在梁上安装固定支架示意图

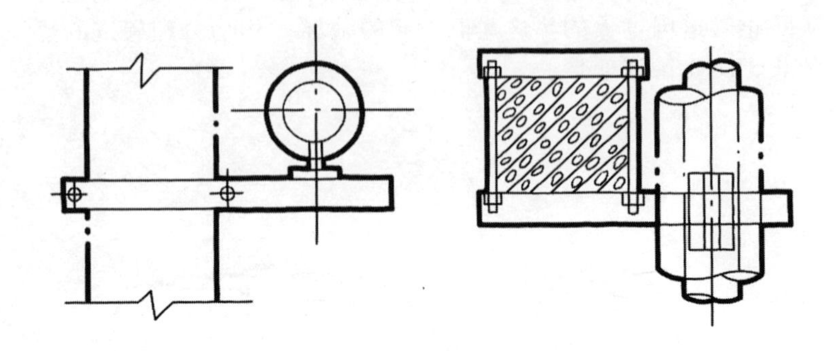

在柱子上安装固定支架示意图

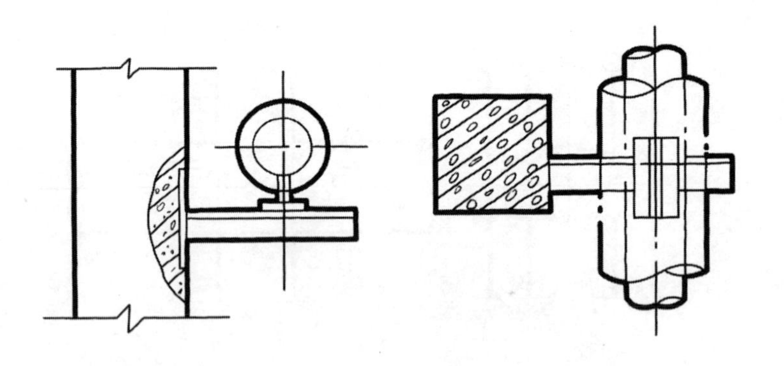

焊接在预留钢连接件固定支架示意图

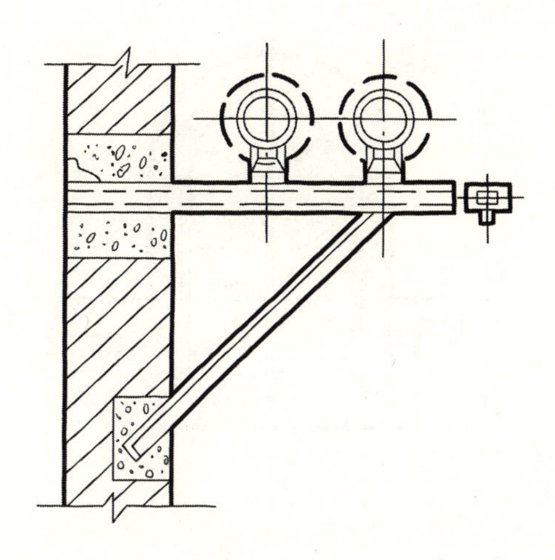

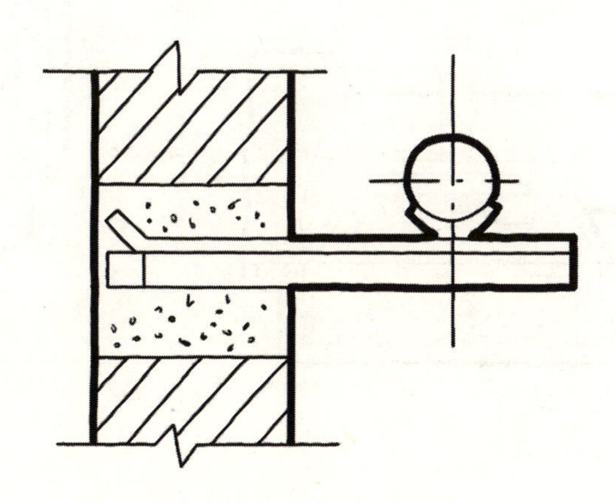

埋入墙内固定支架示意图

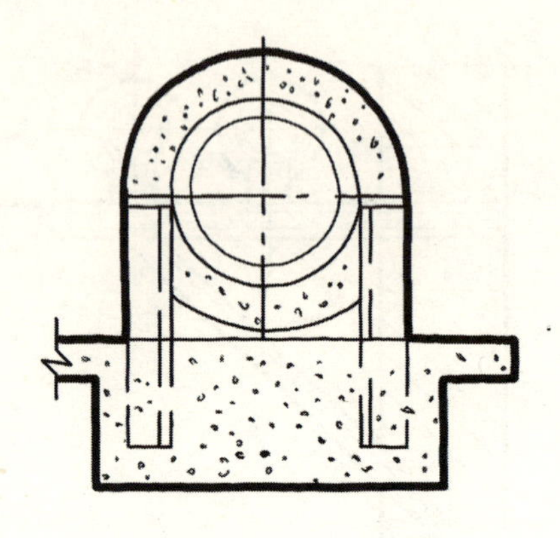

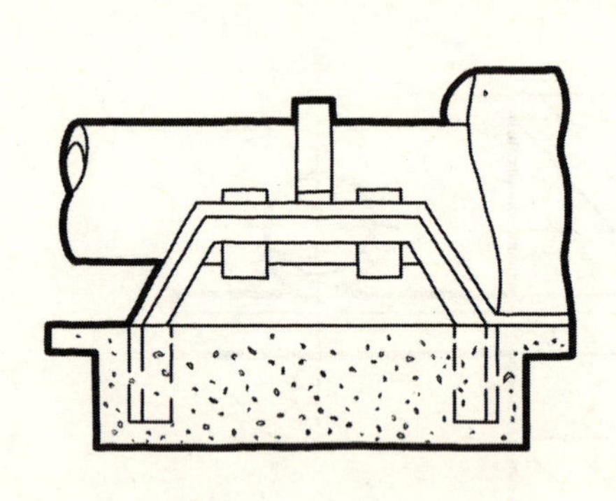

（a）在基础上

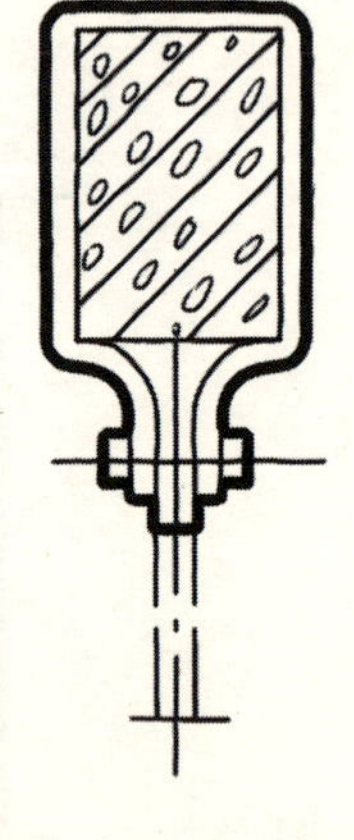

（b）吊在梁上

固定支架示意图

5．固定支架的安装

固定支架的安装方法很多，可以根据现场情况和安装位置选择以下方法：

（1）栽埋法固定支架：就是将支架埋入墙上预留或者开凿的洞内。

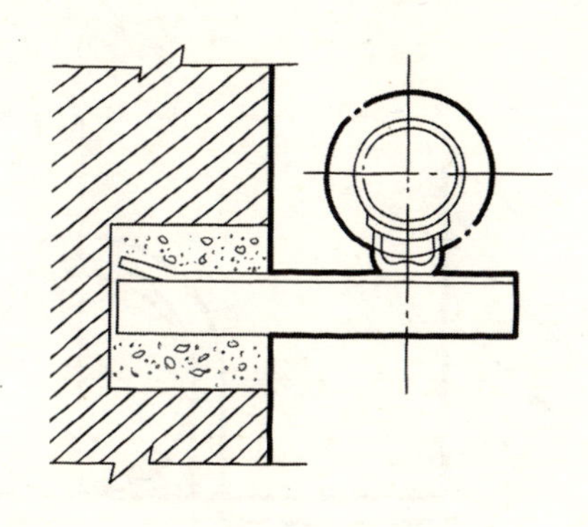

栽埋支架示意图

（2）预埋钢板：在钢筋混凝土构件上预埋钢件，再焊接上支架。

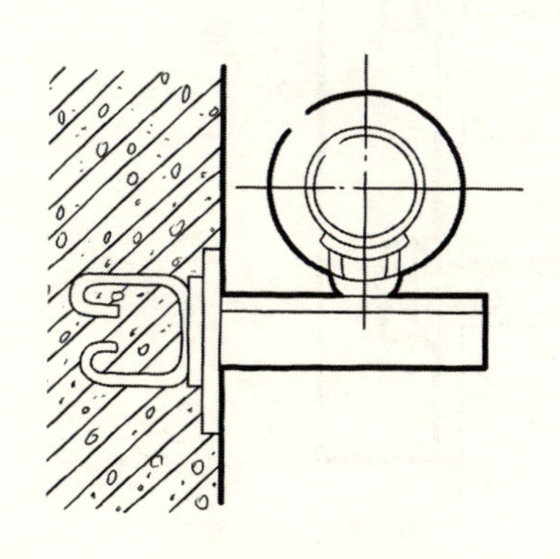

预埋支架示意图

（3）射钉、膨胀螺栓：在混凝土结构上射入或安装射钉和膨胀螺栓，用于固定角钢支架。

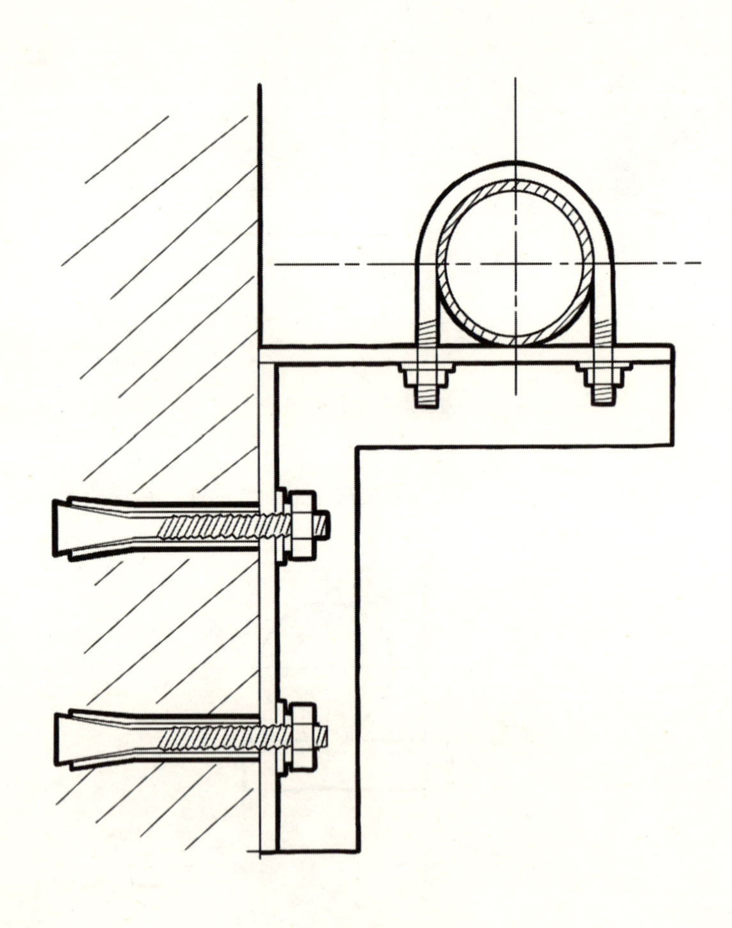

射钉固定支架示意图

（4）抱箍固定支架：沿柱子安装的支架可以采用抱箍支架。

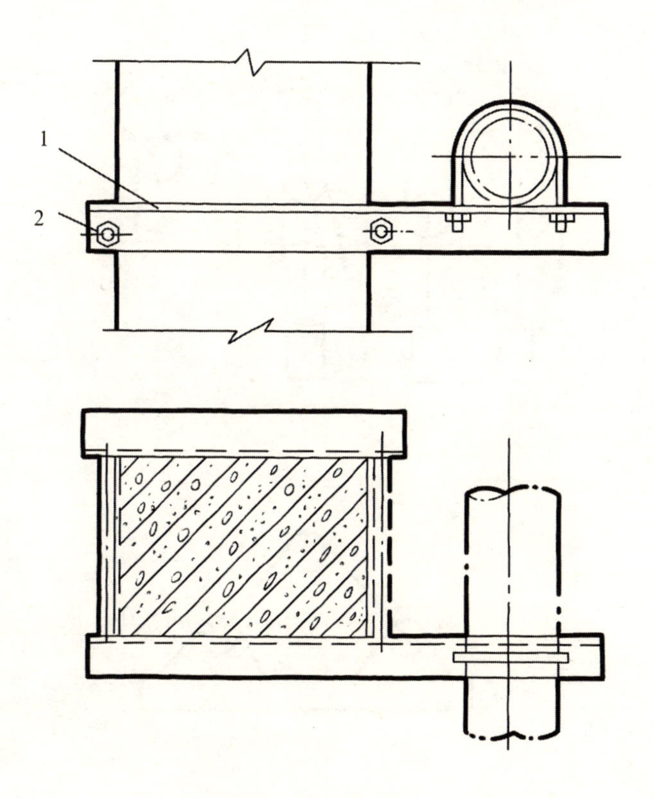

抱箍固定支架示意图

1 —支架横梁；2 —双头螺栓

6．常用简单的吊装工具

管道安装就位时，有些直径大点的管，重量超出人的能力时，就需要用简单吊装起重工具，如：捯链、滑轮、麻绳、钢丝绳、吊索及附件等。

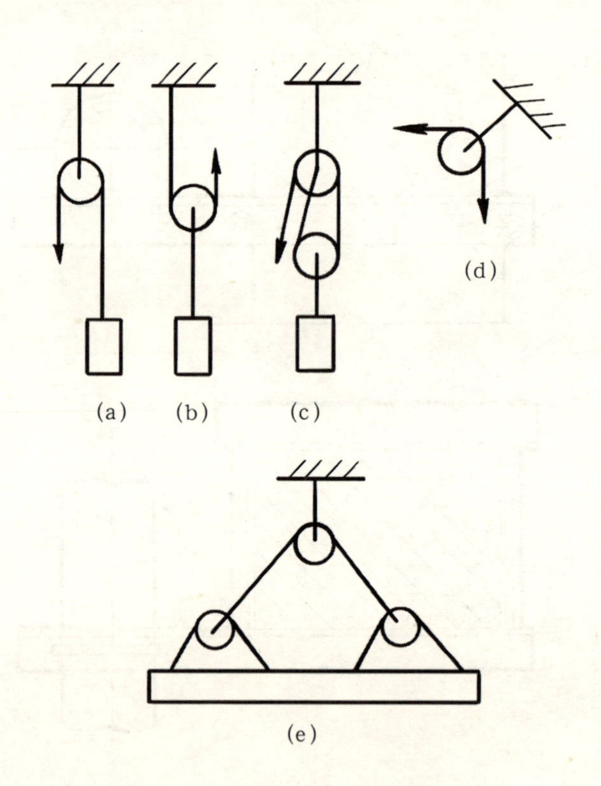

滑轮类型示意图

（a）定滑轮；（b）动滑轮；（c）滑轮组；（d）导向轮；（e）组合滑轮

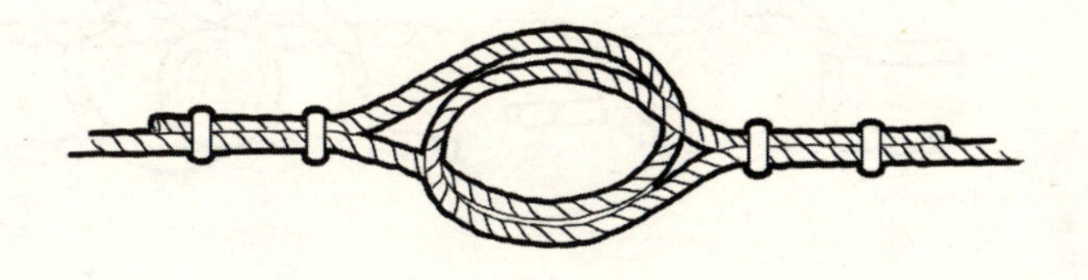

(a)

(b)

(c)

钢丝绳扣示意图

（a）平扣；（b）绳环扣；（c）三角扣

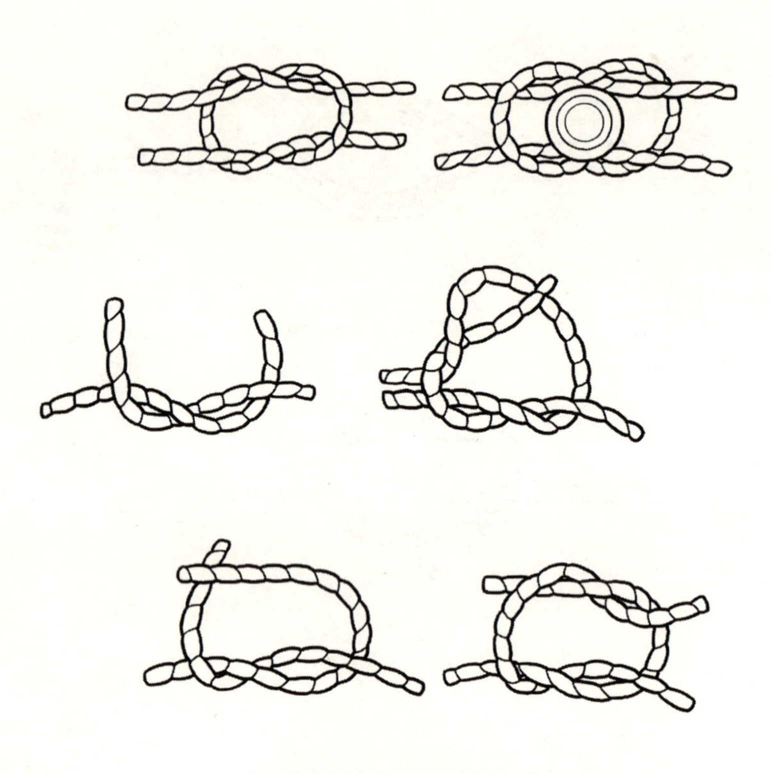

麻绳结扣平扣示意图

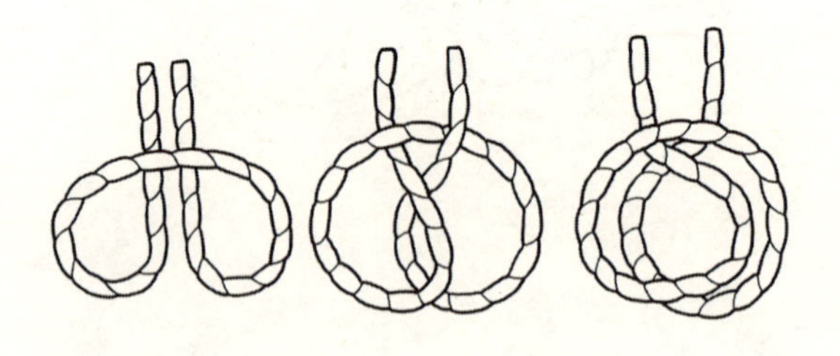

麻绳结扣环扣示意图

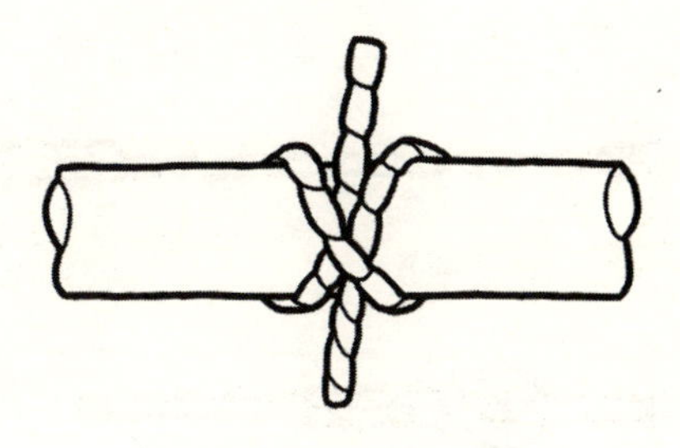

麻绳结扣梯子扣示意图

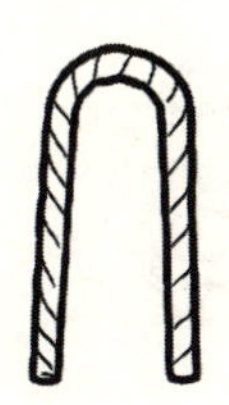
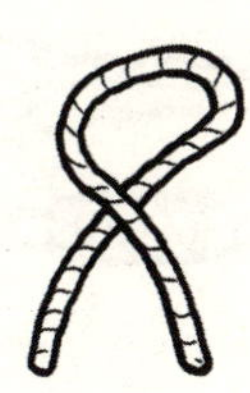
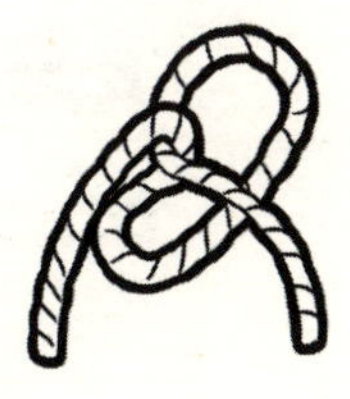

麻绳结扣吊钩扣示意图

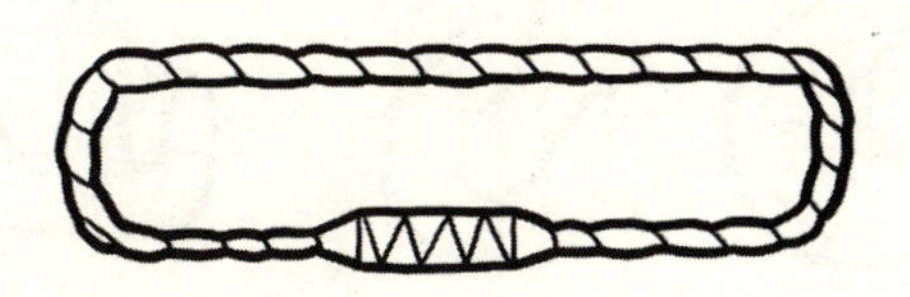

环式吊索示意图

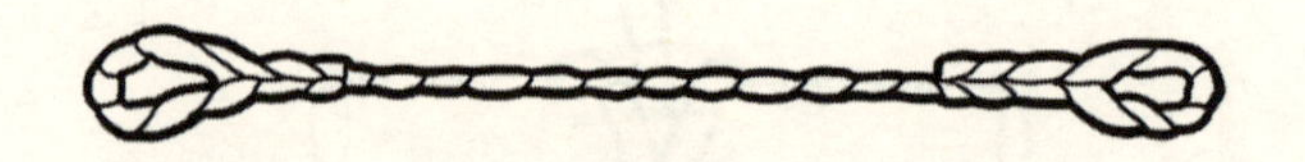

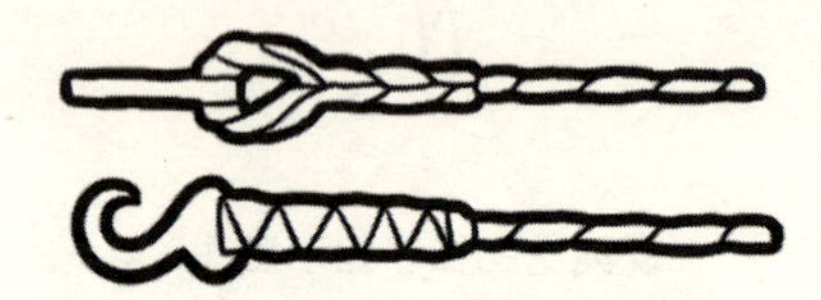

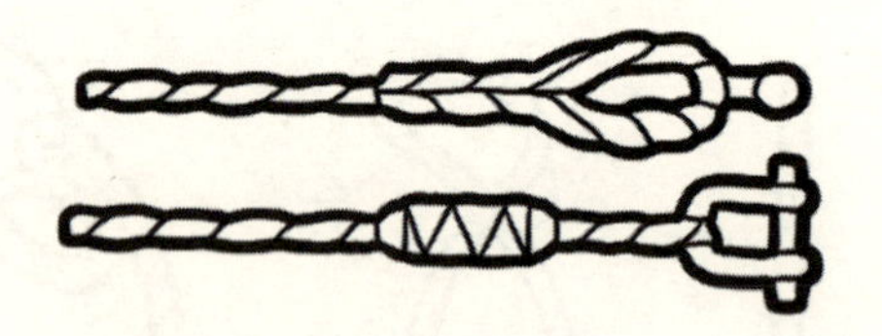

开式吊索示意图

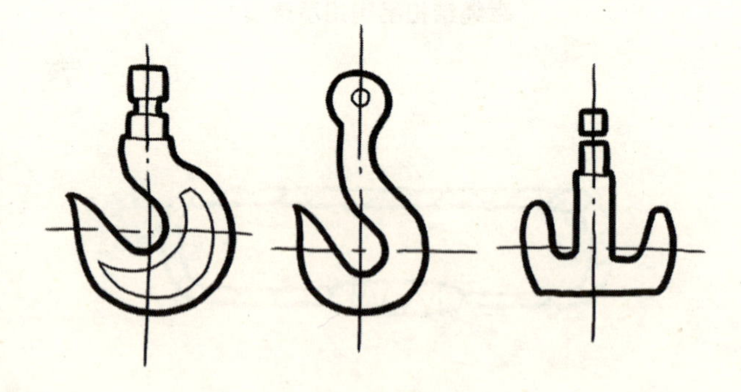

吊索吊钩示意图

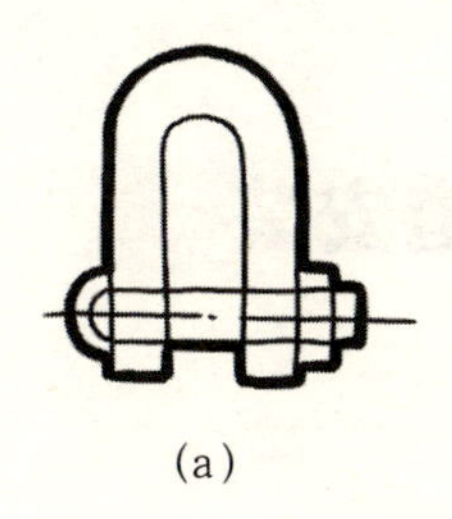

(a)

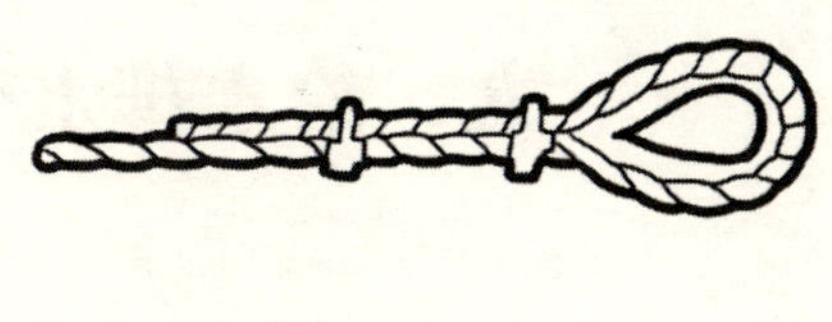

(b)

吊索附件示意图

（a）卡环；（b）桃形环

7．常用简单管道起重吊装方法

（1）撬重：使用撬棍把管道撬起来，送到安装位置。

（2）滚动：是在管道下面放3～4根滚杠，使管子滚动到安装位置。

（3）滑动：把管子放在滑道上，用人力或机械将管子滑动到安装位置。

（4）卷拉：把绳索缠绕在管子上，一头固定，拉动绳索把管子拉到安装位置。

（5）顶重：用千斤顶把管子顶到安装位置。

（6）吊重：把捯链或滑轮固定在三脚架、人字架或桅杆上，利用捯链或滑轮把管子提升到安装位置。

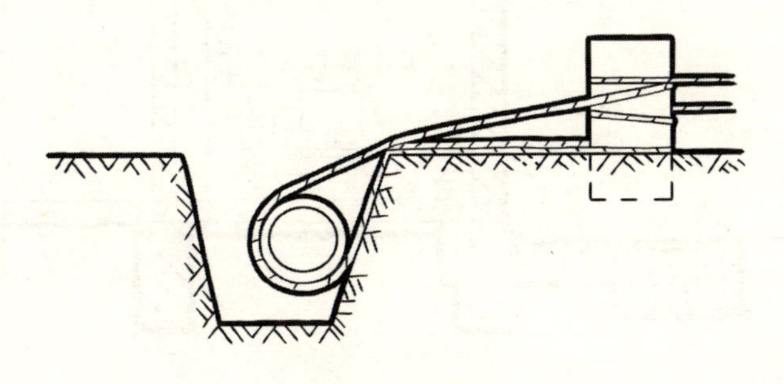

卷拉下管示意图

九、给水排水管道安装

1. 室内给水系统

室内给水系统由引入管、水表节点、水平主管、立管、支管、卫生器具、水龙头等组成，如室外管网水压低，应加设水泵或高位水箱。

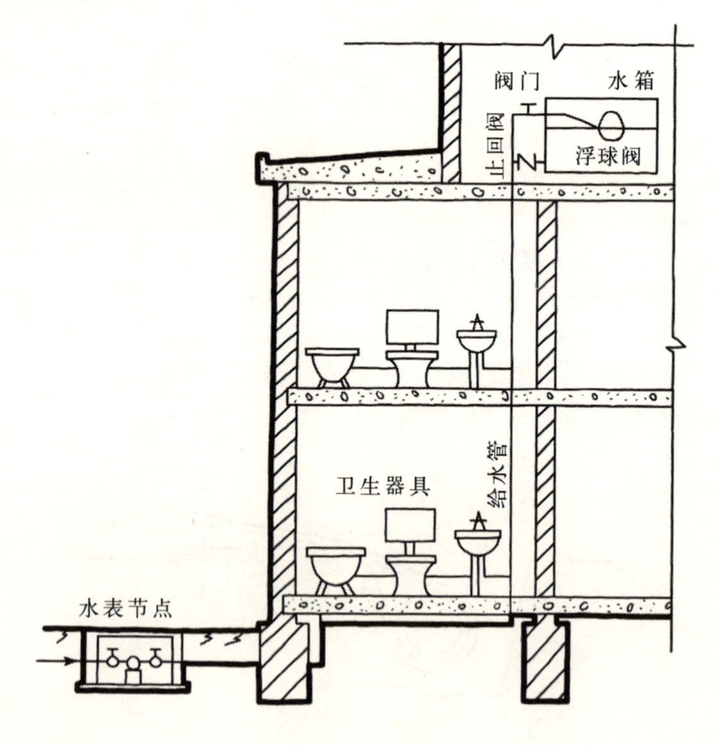

室内给水系统示意图

2. 室内排水系统

室内排水系统由地漏、排出管、排水立管、通气管、排水横管和卫生洁具等组成。

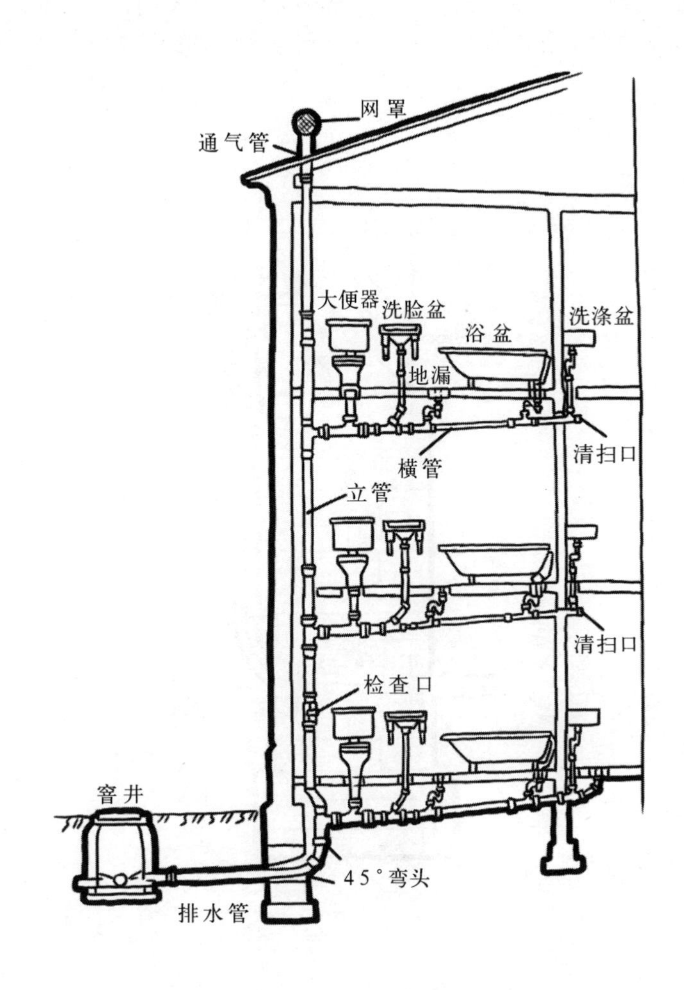

室内排水系统示意图

3．室内给水管道的安装

室内给水管一般先安装引入管再安装室内干管、立管和支管。

（1）引入管安装：应与外墙体轴线保持垂直，穿越墙体基础时应有预留孔洞或加钢套管，管顶部留有150mm空间，应有0.003的坡度坡向室外，给水引入管和排污管水平间距应在1m以上。

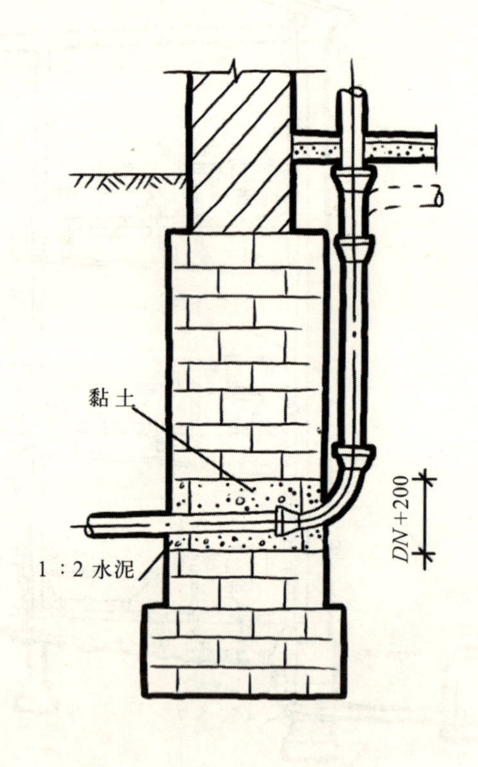

引入管穿墙基础示意图

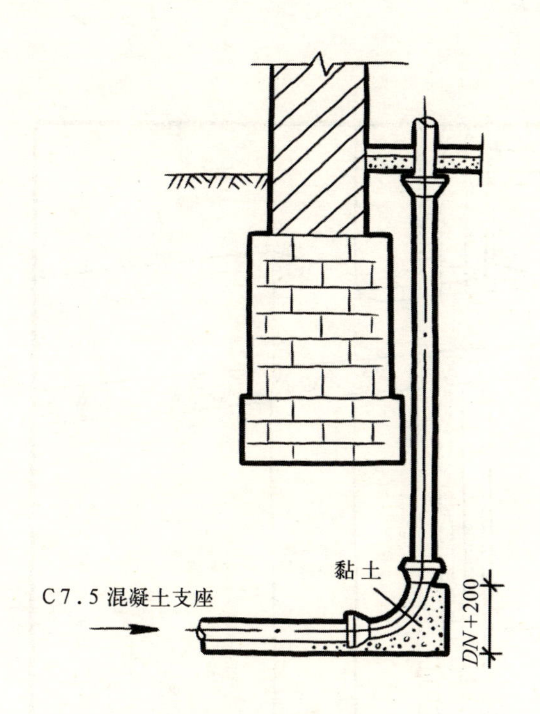

引入管由基础下部引入示意图

（2）干管安装：明干管安装，管子与墙壁净距离应为30～50mm，用管卡固定牢固，管子穿越顶棚要有保温措施，横管应有0.003的坡度坡向给水装置。

（3）立管安装：管道应保持自上而下的垂直，管径小于32mm的与墙面间距为25～35mm，管径大于32mm的与墙壁间距为30～50mm，固定管卡高度应为1.7～1.8m，穿越楼板时，应加套管，各层接横支管的三通高度、方向正确，如立管上安装阀门应便于操作和检修。

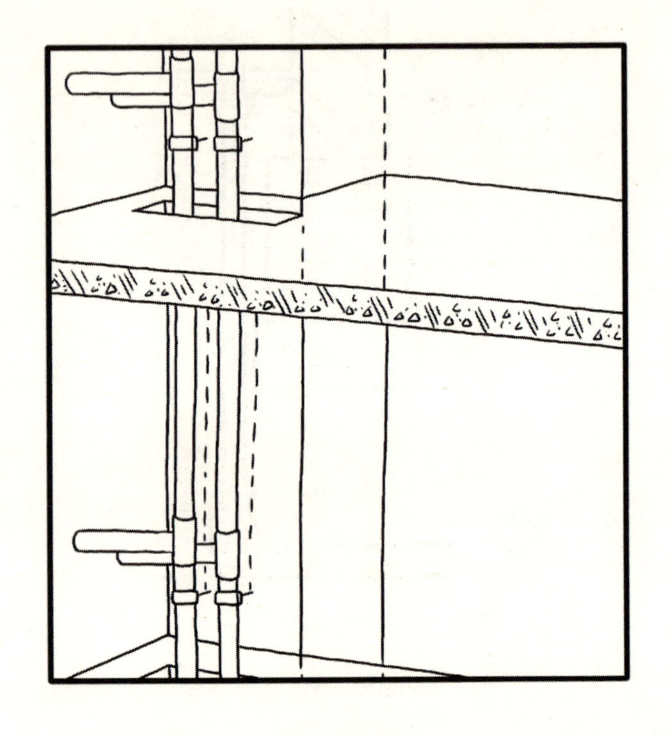

竖井立管示意图

（4）支管安装：一般沿墙面安装，应由立管接横管三通开始安装阀门、水表，依此顺序安装卫生洁具预留的出水口，并用丝堵堵住，将支管找坡、找正后，用管卡固定牢固。

（5）龙头安装，应符合下列规定：

上下平行安装时，热水管应在冷水管上面；垂直安装时，热水管应在冷水管面向的左侧；在卫生器具上安装冷热水龙头时，热水龙头应安装在面向的左侧。

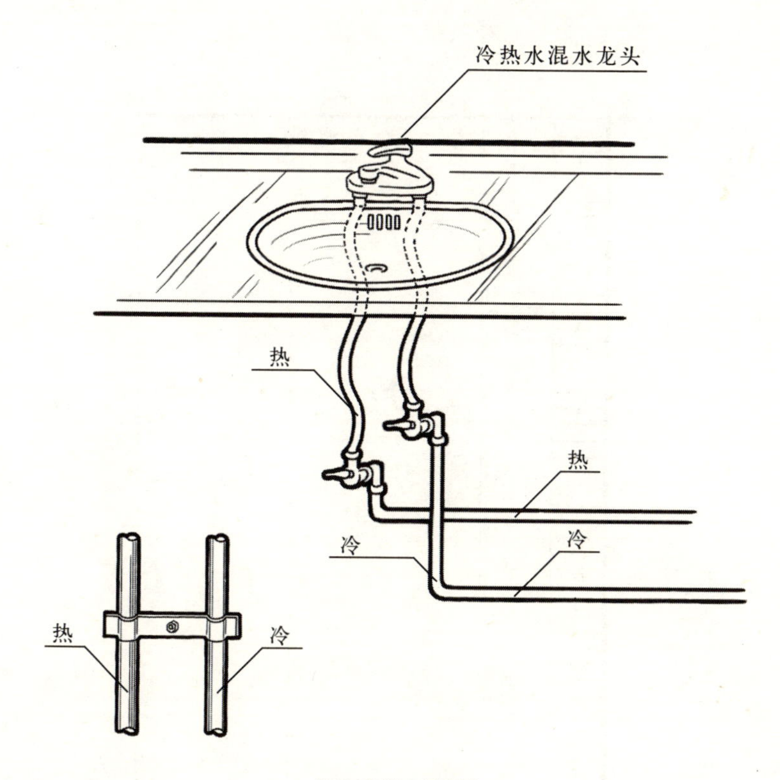

龙头安装示意图

（6）法兰盘连接衬垫，一般给水管（冷水）采用厚度为 3 mm 的橡胶垫，供热、蒸汽、生活热水管道应采用厚度为 3 mm 的石棉橡胶垫。垫片要与管径同心，不得放偏。

（7）铸铁排水管道层高小于或等于 4 m，立管可安装 1 个固定件。为了不影响使用，最下面一个支架安装高度应在 1.7m 以上为宜，但所有支架的安装高度应统一，且支架应安装在背人面。

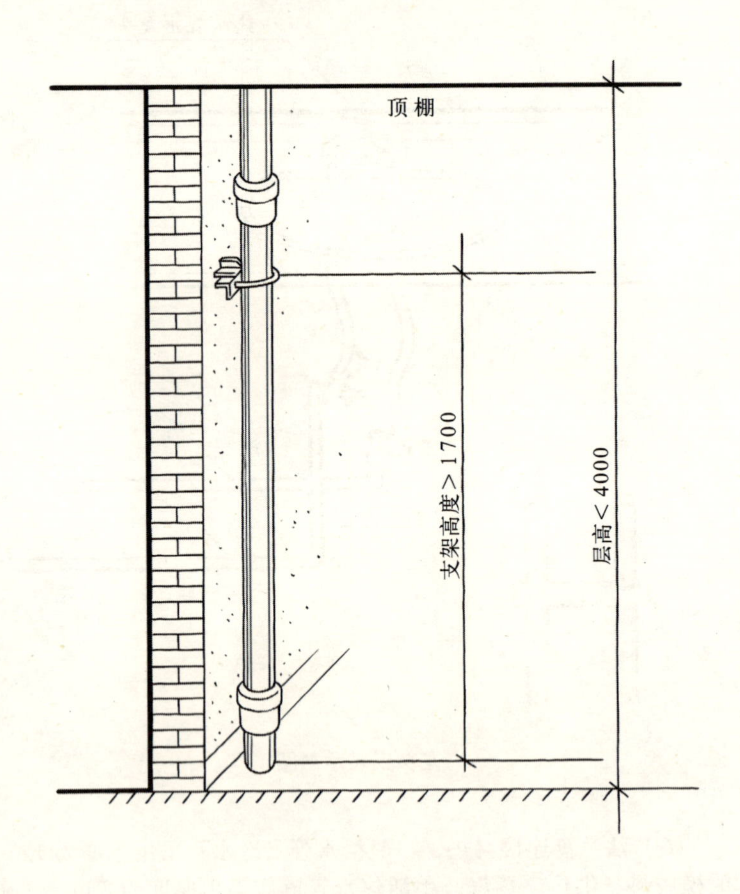

铸铁管支架安装示意图

4．室内排水管道的安装

（1）排出管的安装：排出管要按图纸尺寸先预制连接好，穿过房屋基础做防水处理或加套管，塑料排水横管与立管要用两个45°弯头连接成90°弯头，以减缓排水冲击力。

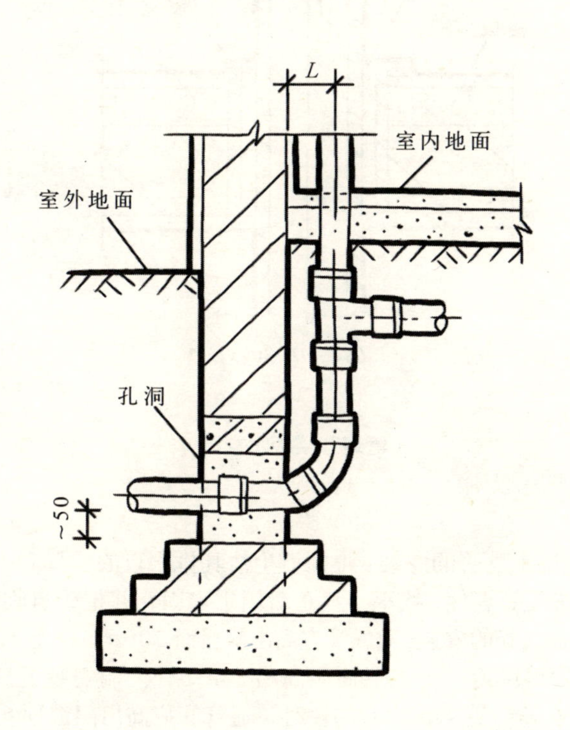

排水管穿墙基础示意图

（2）排水立管的安装：一般安装在卫生间的墙角，塑料管穿过楼板时要加套管，上下层配合安装找垂直，找正三通、检查口位置方向，用管卡固定牢固。

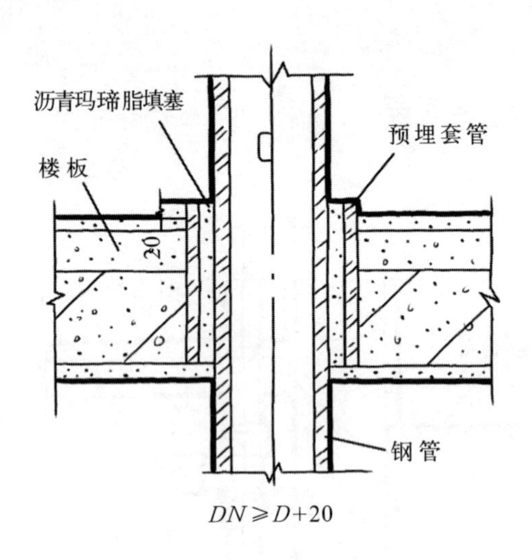

管道穿楼板示意图

（3）排水支管的安装：根据卫生洁具排水口的位置和方向连接三通、弯头等管件，找平、找正后固定牢固，并把管口临时封堵。

（4）通气管的安装：通气管应高出斜屋面300mm以上，且不应小于最大积雪厚度，上人屋面应高出2m，管上端安装透气帽。

1）在通气管4m内有门窗时，通气管应高出门窗顶600mm，引向无门窗一侧。

2）在经常有人停留的平屋面上，通气管应高出2m，并应根据防雷要求设防雷装置。

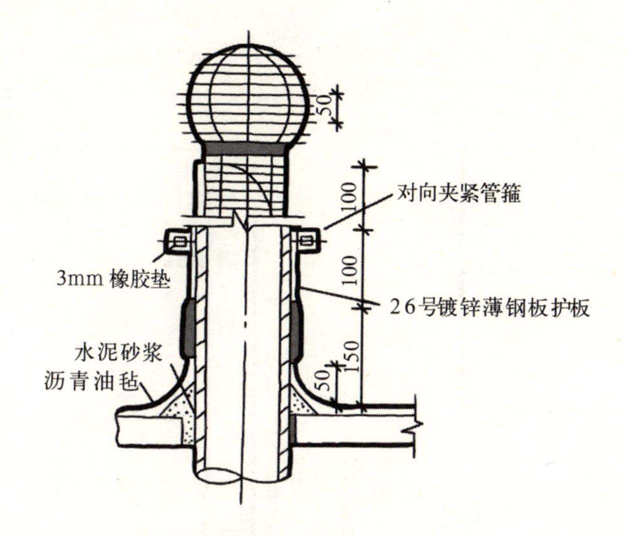

通气管出屋面示意图

3）通气管出口不宜设在建筑物挑出部分（檐口、阳台和雨篷等）的下面。

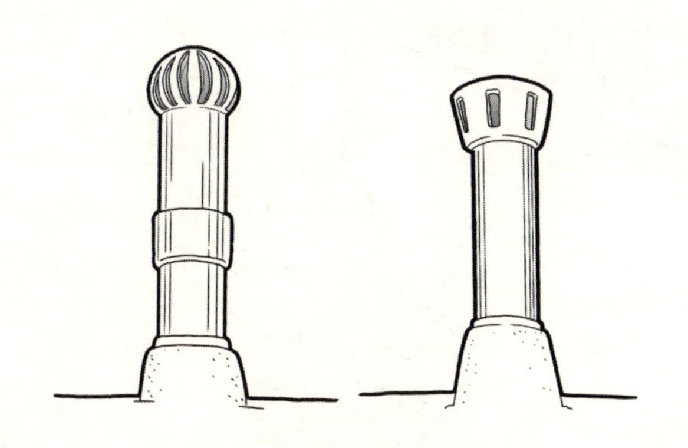

铸铁管透气帽示意图

UPVC 管透气帽示意图

(5)清通设备：立管上的检查口应距离地面1 m，朝向应便于使用，横管上的地面清扫口应和地面相平。

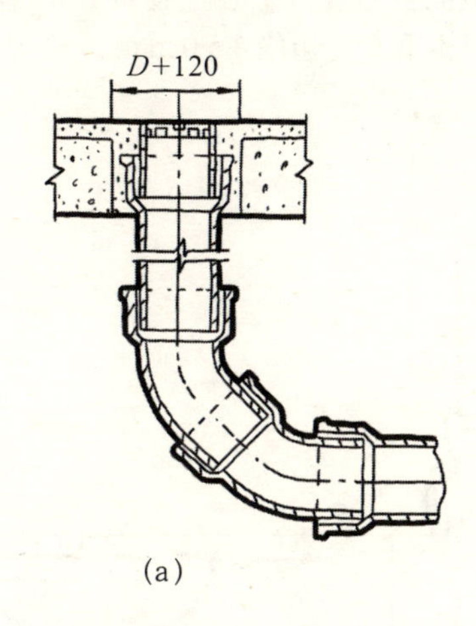

(a)

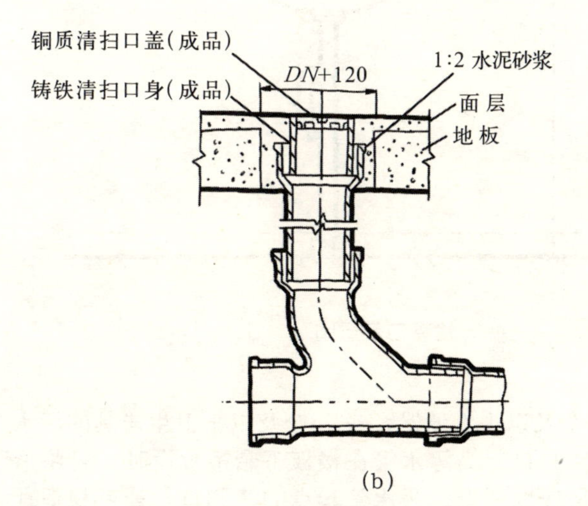

(b)

地面清扫口安装示意图

(a) 排水起点；(b) 排水途中

1）在立管上应每层设置一个检查口，但在最低层和有卫生器具的最高层必须设置。如为两层建筑，可仅在最低层设置检查口，高度由地面至检查口中心一般为1m（以管根地面为准），并应高于该层卫生器具上边缘150mm。检查口的朝向应便于检修。

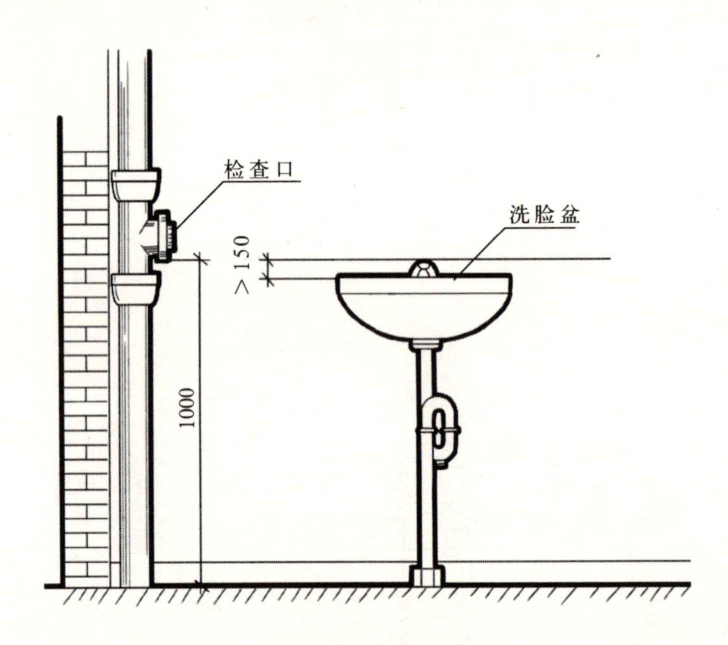

检查口示意图

2）连接两个及以上大便器，或3个及以上卫生器具的污水横管，应设置清扫口。当污水管在楼板下悬吊敷设时，可将清扫口设在上一层楼地面上。污水管起点的清扫口与管道相垂直的墙面距离，不得小于200mm；若污水管起点设置堵头代替清扫口，与地面距离不得小于400mm。

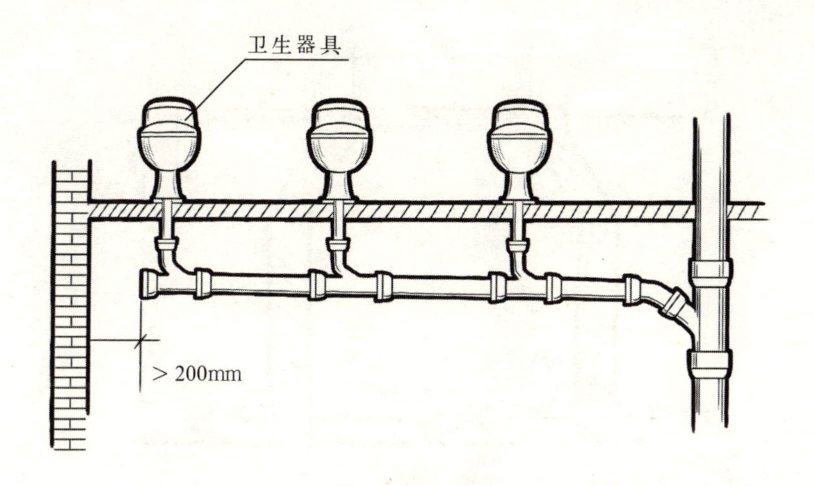

清扫口示意图

5．水表的安装

水表有旋翼式和螺翼式两种。

（1）旋翼式分干式、湿式两种，一般用于公称直径小于50mm的管道。

（2）螺翼式水表一般用于公称直径大于50mm以上的管道。

（3）水表安装位置应便于查看、维修，水流方向按表壳箭头所指方向安装。

（4）总水表前后应安装阀门，水表后安装止回阀，旁通管阀门上要加铅封，只能用于检修更换总表时使用。

（5）水表前应有300mm以上的直管，不能直接放在井底，应用垫块垫起来。

（6）分户明装水表，表壳距墙壁距离不小于30mm，表后不用安装阀门。

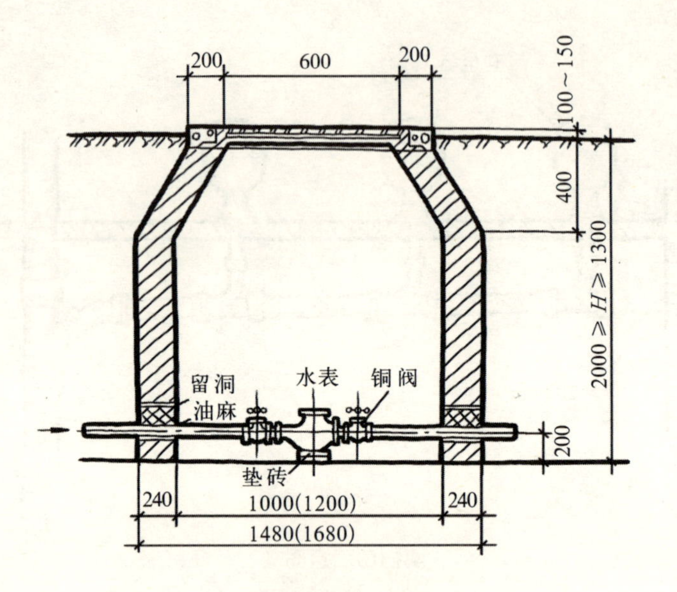

总水表安装示意图

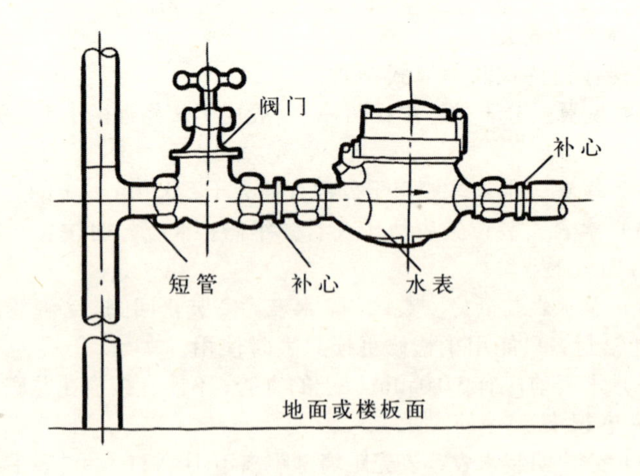

分户水表安装示意图

6．阀门的种类、作用及安装

(1) 常用阀门种类、作用

1）闸阀：调节水的流量，起开启、关闭作用。

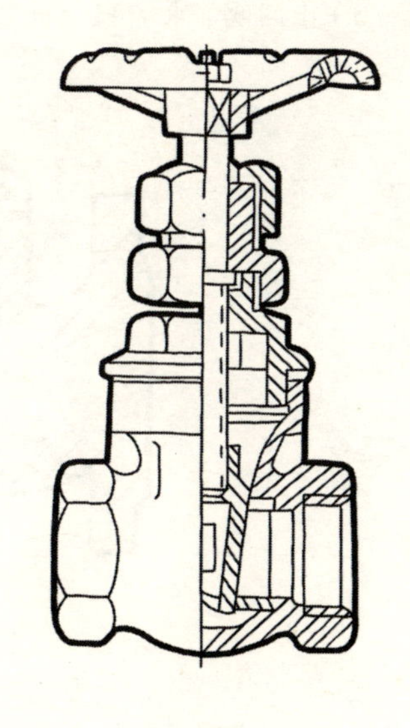

闸阀示意图

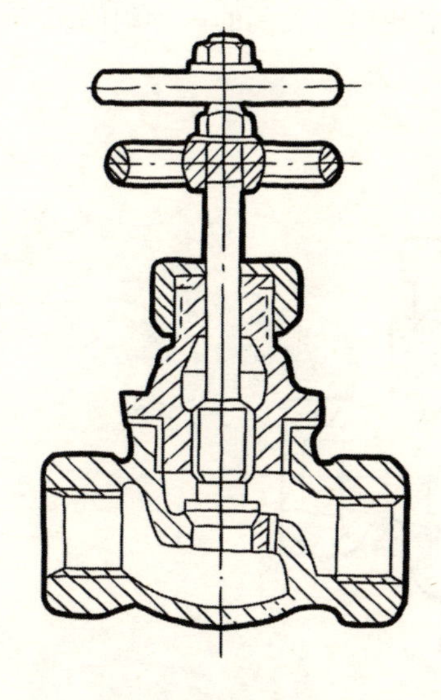

截止阀示意图

2）截止阀：开启、关闭、调节水的流量，能起减压作用。

3）止回阀：水流只能向供水方向流动，回流时阀板自动关闭。

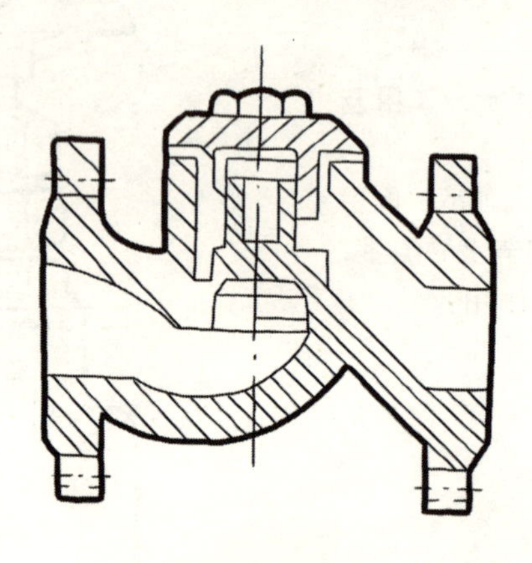

止回阀示意图

4）旋塞：适用于小口径管上经常开启、关闭的一种阀门。

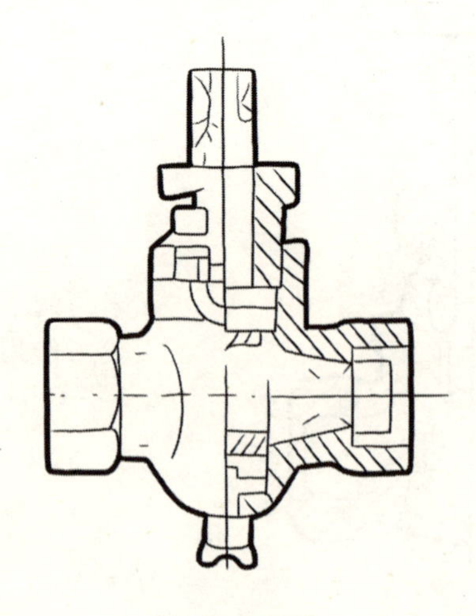

旋塞示意图

5）浮球阀：以液面高低升降浮球控制阀门自动开启、关闭。

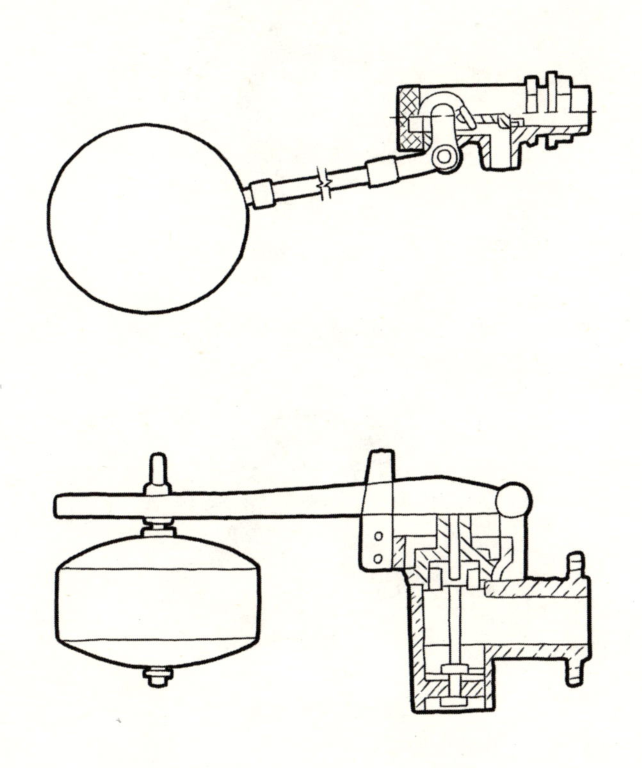

浮球阀示意图

6）蝶阀：体积小，结构简单，调节、开启、关闭水流，密封性好。

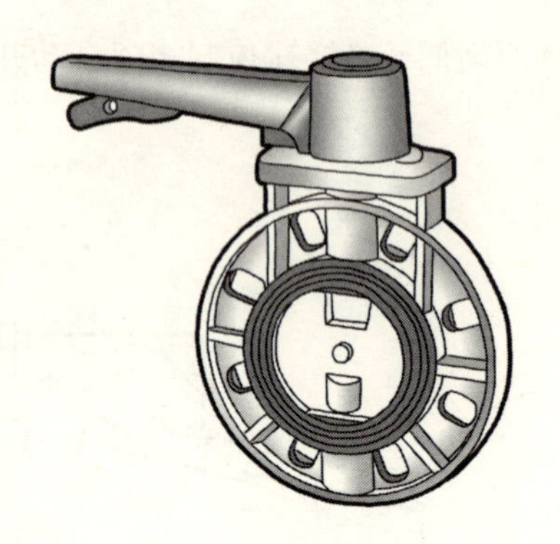

蝶阀示意图

7）球阀：密封好，结构简单，水流阻力小，开启、关闭迅速。

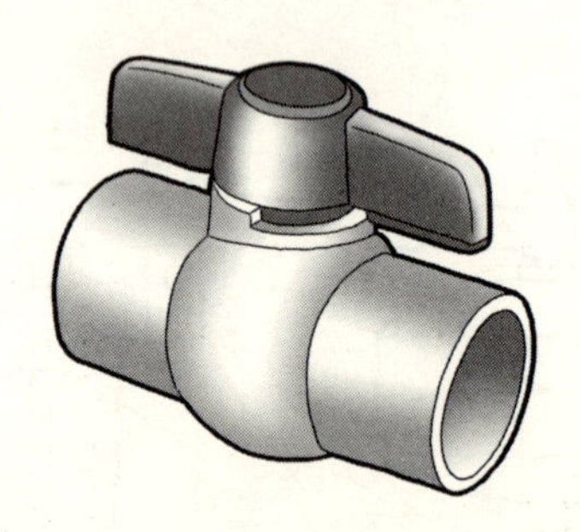

球阀示意图

（2）阀门的安装

1）检查阀门填料、压盖垫、螺栓调节量、阀杆是否灵活、有效。阀门应在关闭状态下安装，水平管道上安装阀门，阀杆应在上半圆范围内。

2）铸铁阀门较脆，安装连接用力要均匀，以防损坏。法兰式阀门连接时要把法兰垫垫好，对角交叉紧固螺栓；螺纹式阀门连接要缠绕适量生料带，拧紧时注意阀体不损坏。

十、室内采暖管道安装

1．室内采暖热力的接入

在热水入口的供水、回水管上安装阀门、压力表、温度计、除污器等，供水和回水管之间要安装连通管并安装阀门。

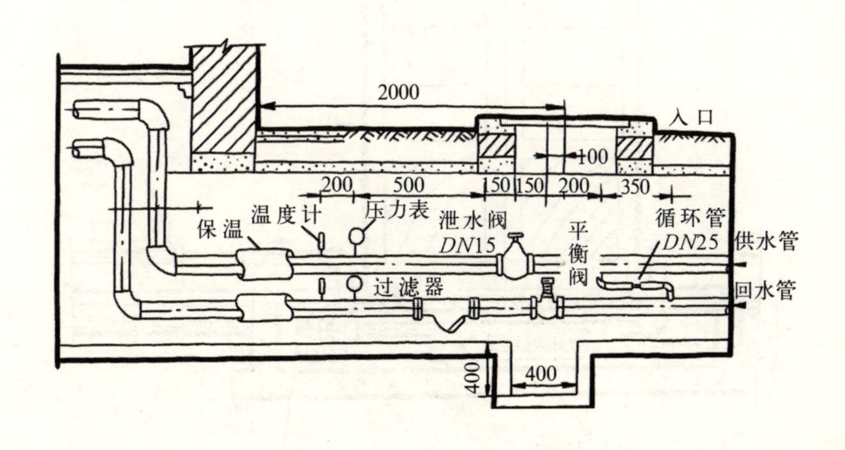

热水入口示意图

2．室内采暖干管的安装

按施工图干管标高、位置、走向及坡度弹出管道安装线，确定支架位置，支架要安装牢固，把管子抬到支架上。采用焊接要先点焊，调直后再全部焊接，螺纹连接要涂铅油，缠绕麻丝，用管钳拧紧，把支架U 形卡装好。

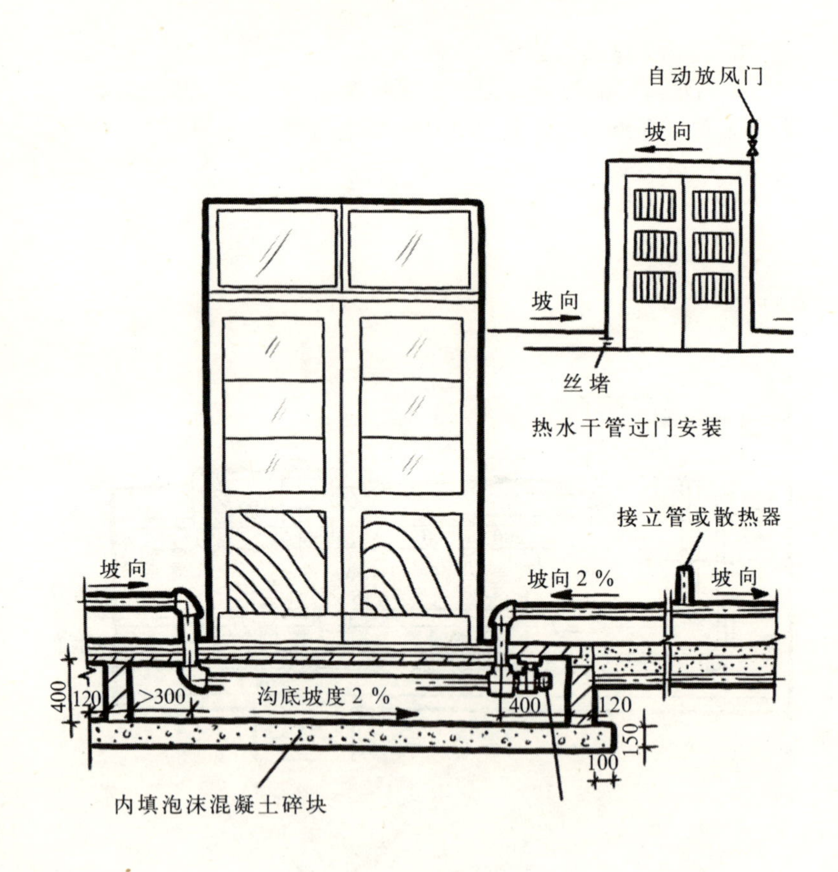

干管过门示意图

3．采暖立管的安装

立管可采用楼层预制方法进行安装，可以由上而下或由下而上安装，吊线确定立管卡子垂直位置，距地面1．5～1．8m 钻孔安装管卡，立管一般明装，采用螺纹连接，穿过楼板应加套管，套管长度应根据地面装饰做法总厚度确定。单管串联应和支管同时安装。

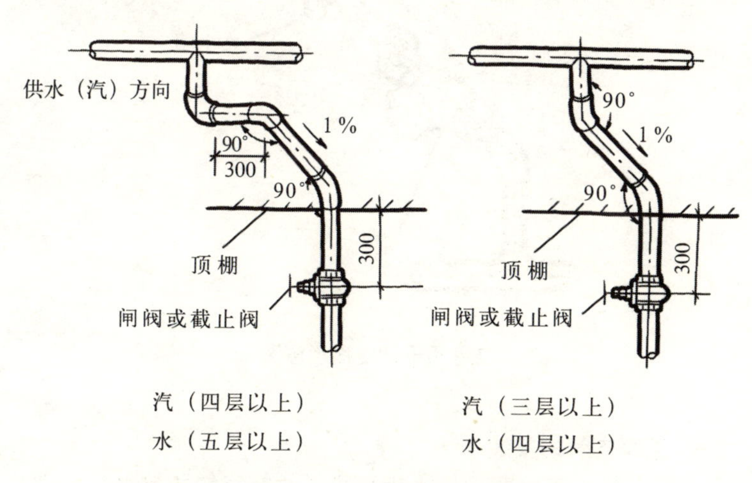

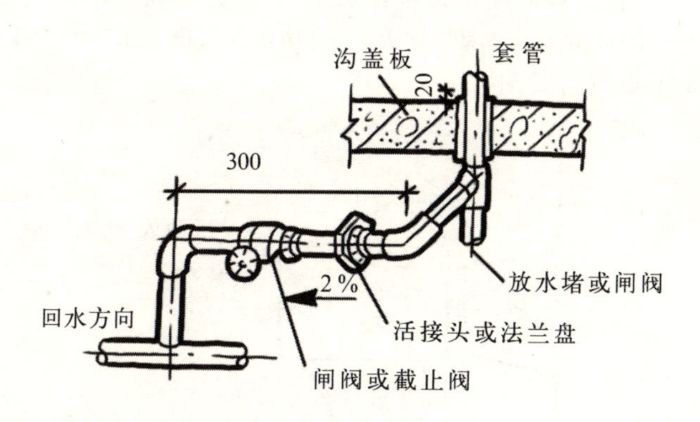

立、干管连接示意图

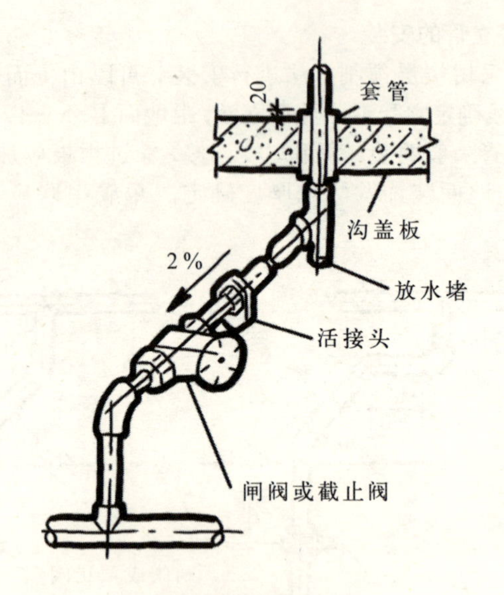

立管和干管连接示意图

4．采暖支管的安装

支管安装要有坡度，便于排放暖气片的空气和放水。长度小于500mm的坡度为5mm，长度大于500mm的坡度为10mm。手动放气阀排气孔朝向墙角。

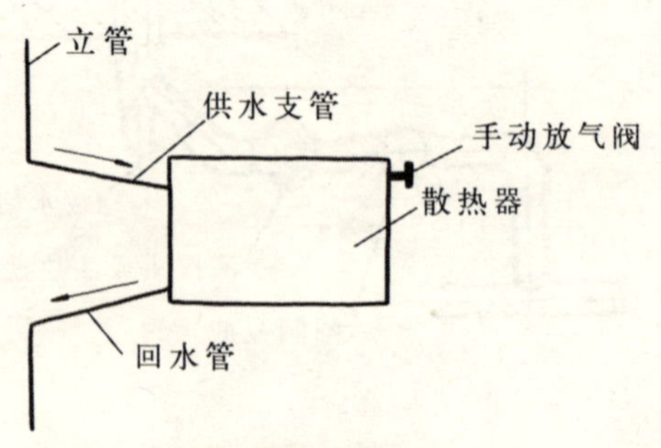

支管坡度示意图

十一 、卫生洁具安装

1．卫生洁具的知识

通常把卫生间、厨房等处所用的便器和面盆等用来洗涤、收集和排除生产生活的污水、废水的设备叫做卫生洁具，是室内排水系统的重要组成部分；其要求是光滑、光洁，不易积垢，沾污后易于清洗，材质应耐磨、耐腐蚀、耐老化，有一定的硬度，无放射性成分，还要便于安装。

2．卫生洁具的三大类

一是便溺用的，如大便器、小便器等。

二是盥洗、淋浴的，如洗脸盆、盥洗槽、浴盆、淋浴器等。

三是洗涤盆、化验盆、污水池和地漏等。

3．卫生洁具安装尺寸

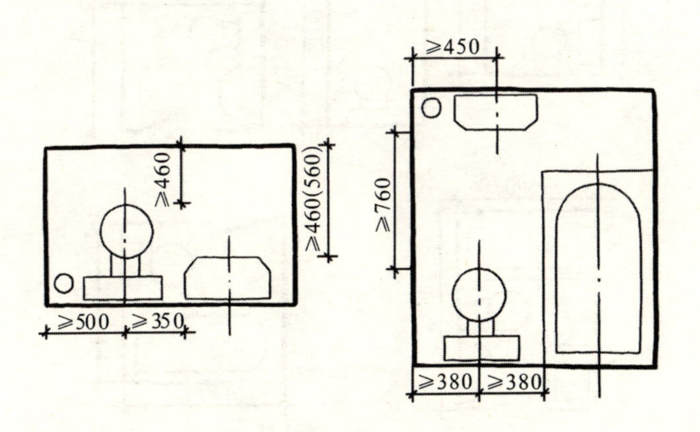

卫生间器具最小安装尺寸示意图

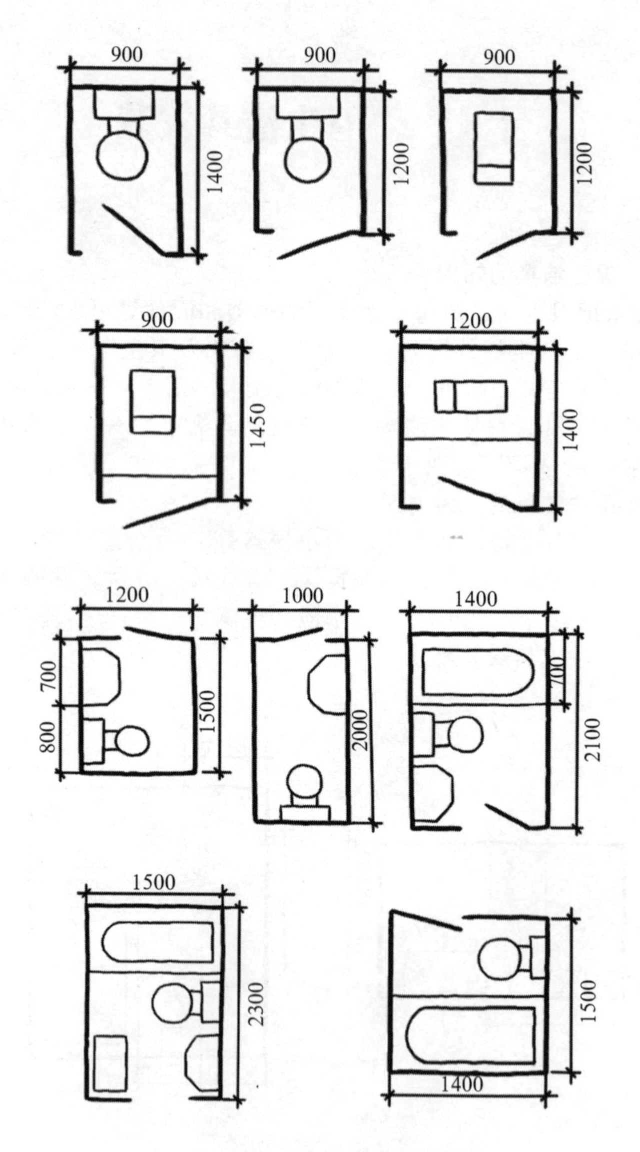

卫生间器具几种布置示意图

4．坐式大便器的安装

（1）坐式大便器一般安装在家庭和宾馆内，其构造本身包括存水弯，按水力冲洗的原理来分，有冲洗式坐便器和虹吸式坐便器，冲洗设备为低水箱，为了实现节水，应选用节水型的坐便器，一般为4～6L。

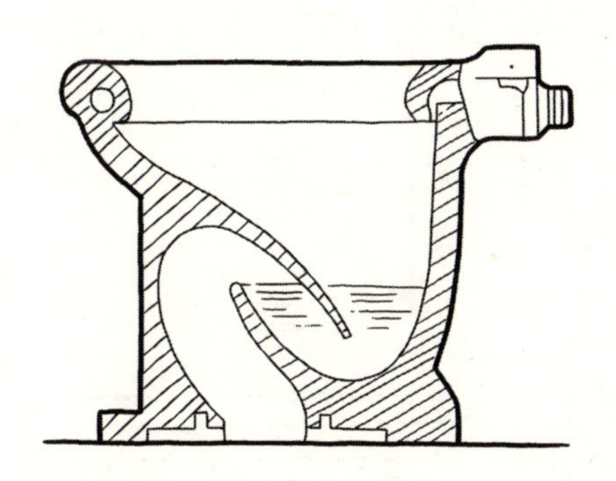

冲洗式坐便器示意图

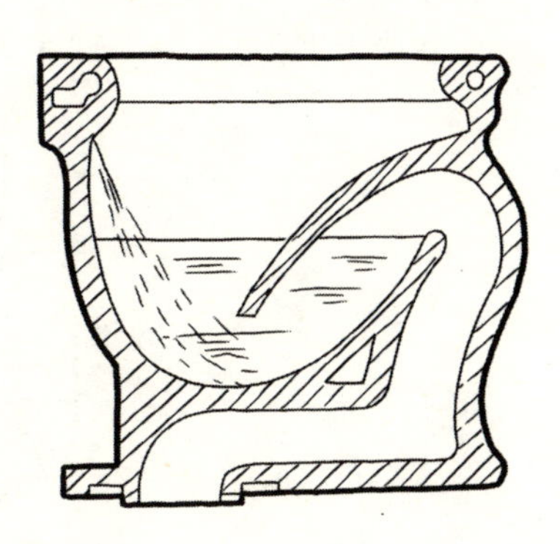

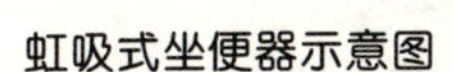

虹吸式坐便器示意图

（2）坐式大便器安装

安装时，先在墙面和地面上画出水箱和坐便器的中心线及水箱底的水平线，在墙上安好水箱。在地板上画出坐便器的轮廓线和四个孔眼的十字中心线，用螺栓等将坐便器稳装在地板上，连接好水箱进水管即可，安装时注意防水。

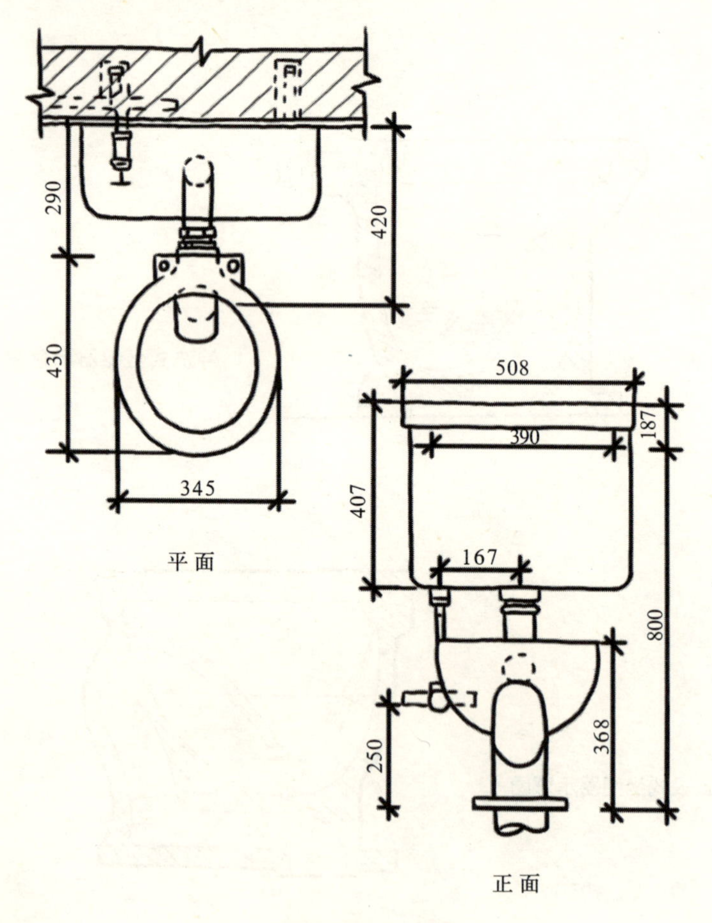

坐便器安装示意图

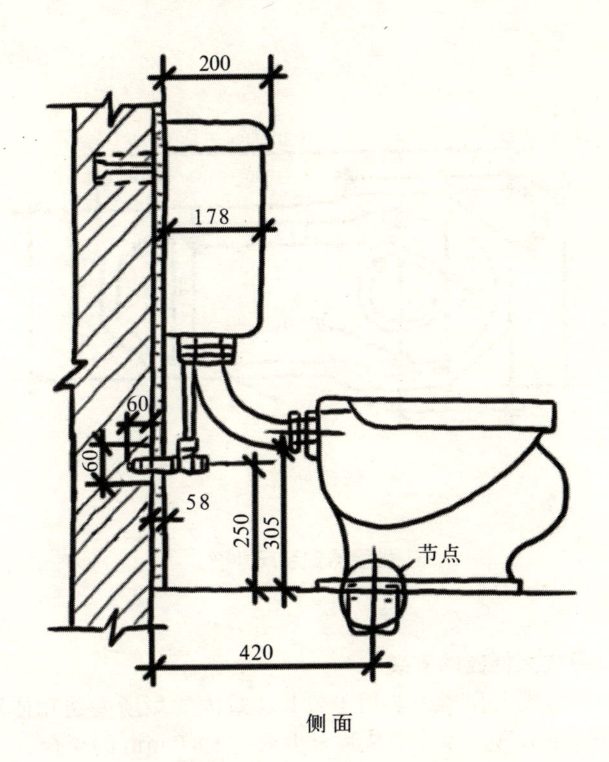

侧面

*DN*150 钢或塑料管

坐便器底

油灰

地面

*DN*100 铸铁管

节点

坐便器安装剖视图

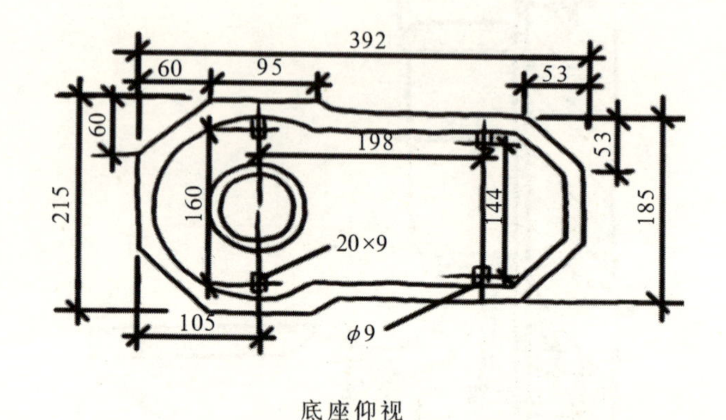

底座仰视

坐便器安装尺寸图

5．蹲式大便器的安装

（1）蹲式大便器一般用于公共建筑内的厕所安装和使用，它本身不带存水弯，因此安装时至少需设180mm的平台。

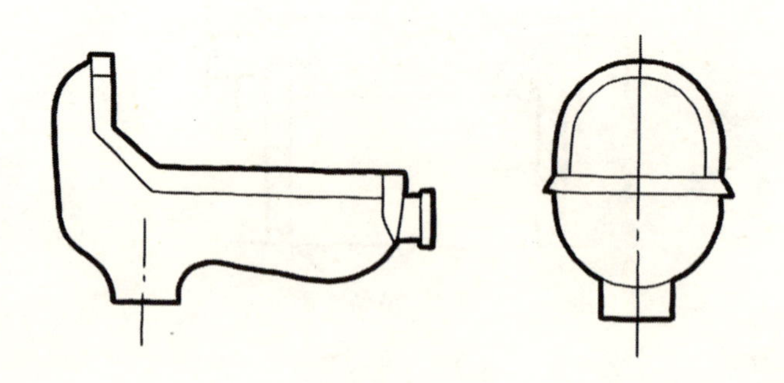

蹲式大便器示意图

（2）安装时，将排水短管的承口中心引至墙上，作为确定水箱的安装中心线，大便器的出水口抹上油灰，挤在承口内，找正找平，稳装严密，并使大便器进水口的中心对准墙上中心线；将固定好的水箱水管连接好。

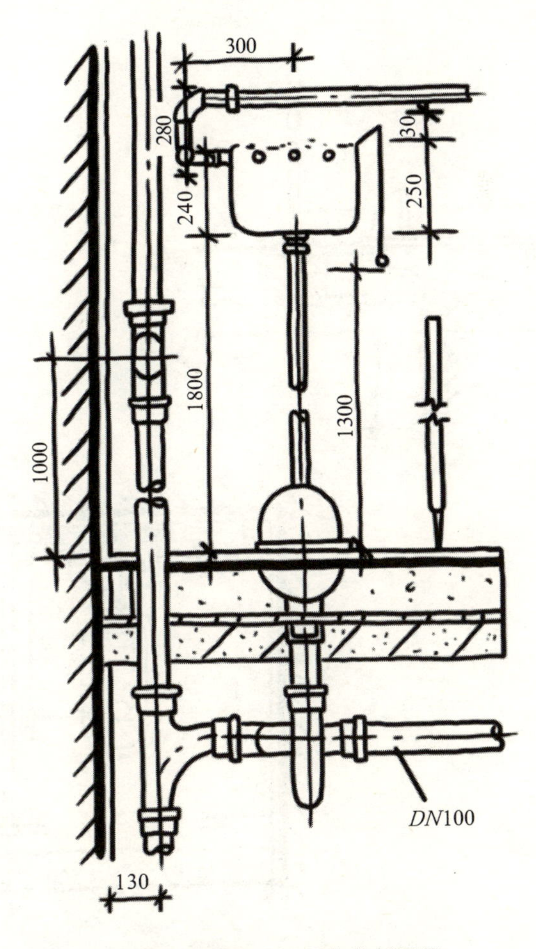

高水箱蹲式大便器安装剖面图

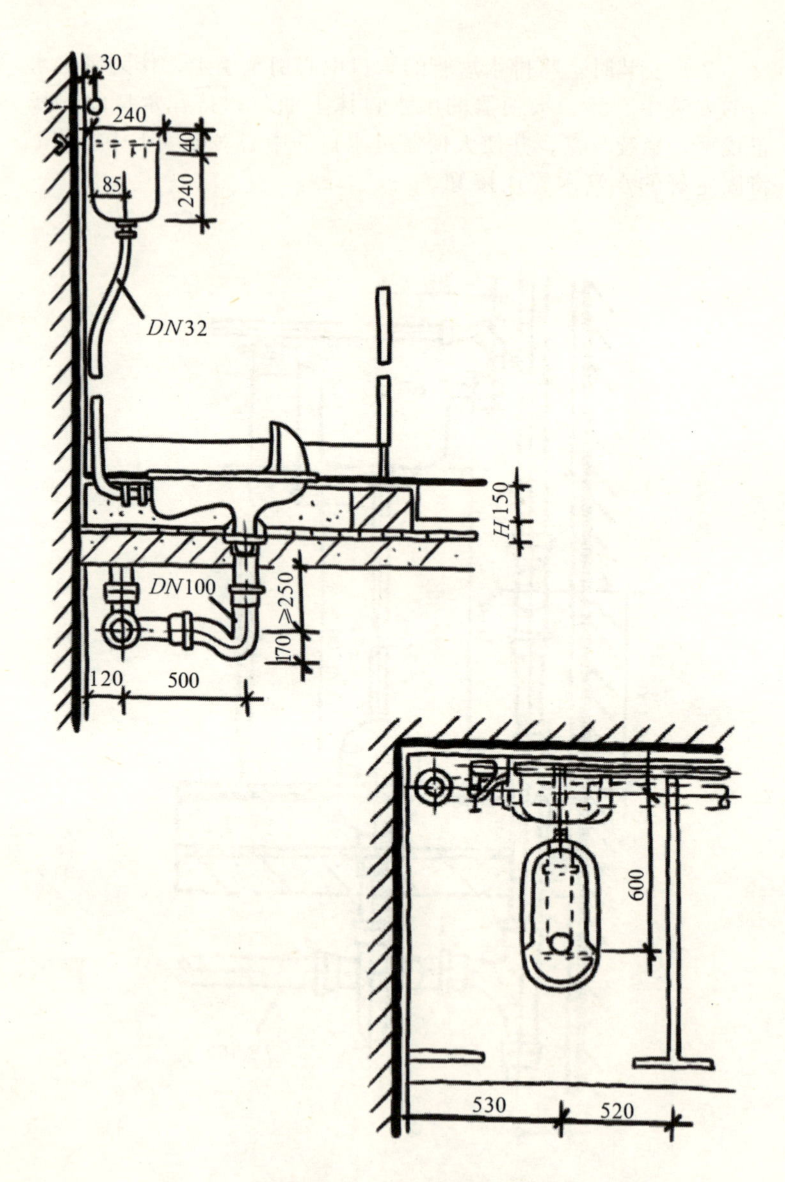

高水箱蹲式大便器安装尺寸图

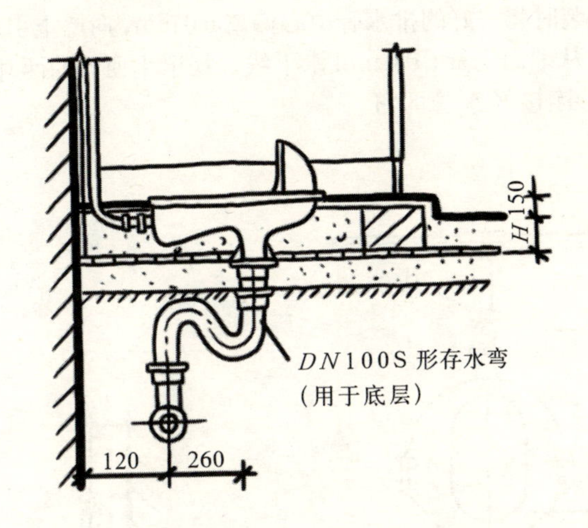

高水箱蹲式大便器安装示意图

6．各类小便器的安装

（1）小便器一般安装在公共厕所男厕所内，有挂式、立式和小便槽三种。

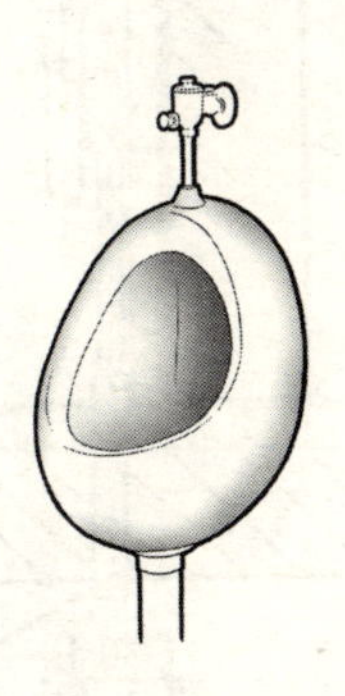

挂式小便器示意图

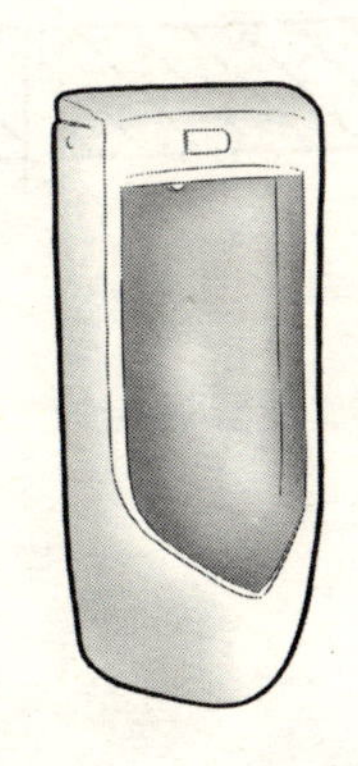

立柱式小便器示意图

（2）安装时将安好的排水管中心偏离60mm，向墙上引小便斗竖中心线，从地面上量600mm水平线，找出小便器的两耳中心，安装固定，连接好水管即可。

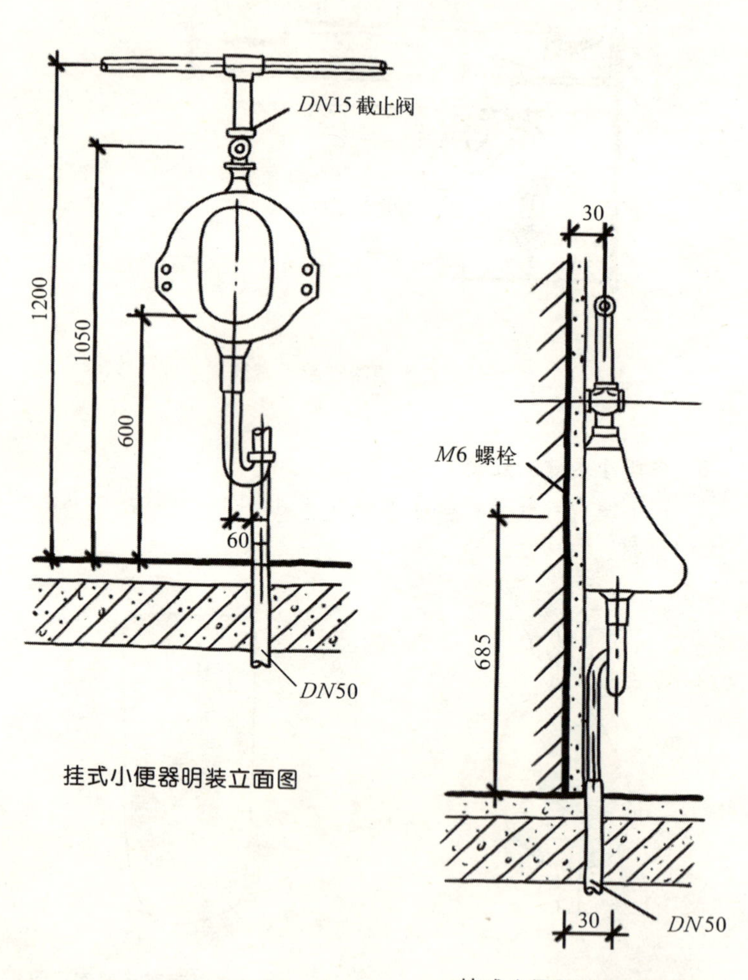

挂式小便器明装立面图

挂式小便器明装侧面图

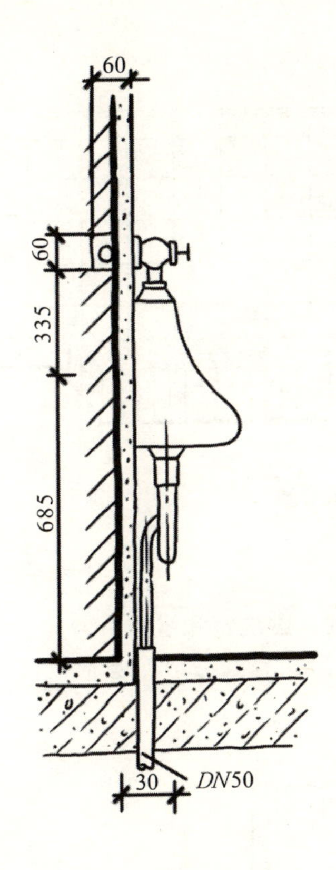

挂式小便器暗装侧面图

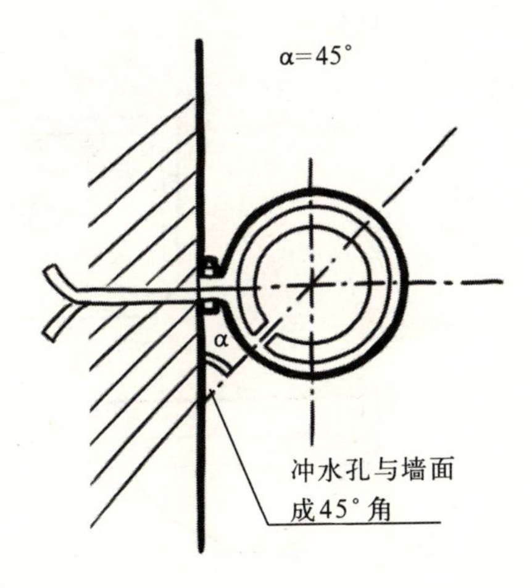

冲洗管结构示意图

（3）小便槽冲洗管，应采用镀锌钢管或硬质塑料管。冲洗管孔应斜向下安装，与墙面成45°角。

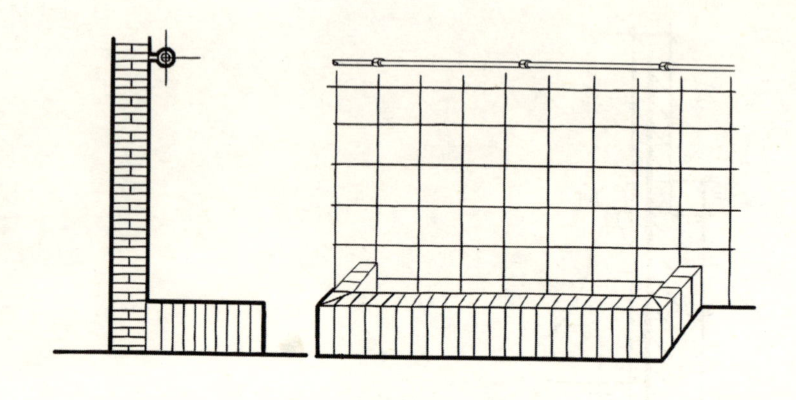

冲洗管安装示意图

7．洗脸盆的安装

（1）洗脸盆一般用于各种卫生间、盥洗室和浴室中，其形式很多，有墙架式、立式和台式等，形式有长方形、圆形、椭圆形和三角形。

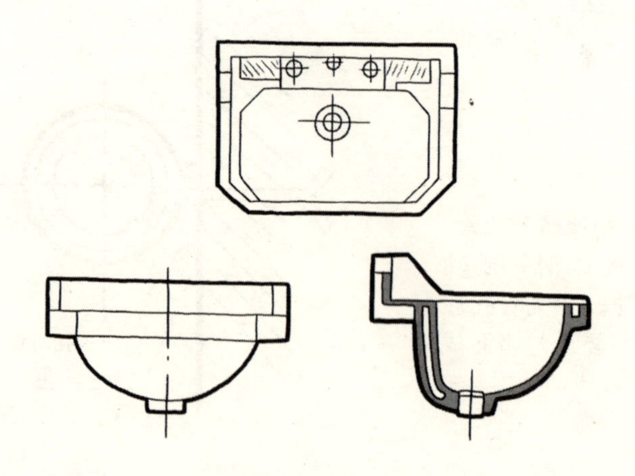

墙架式洗脸盆示意图

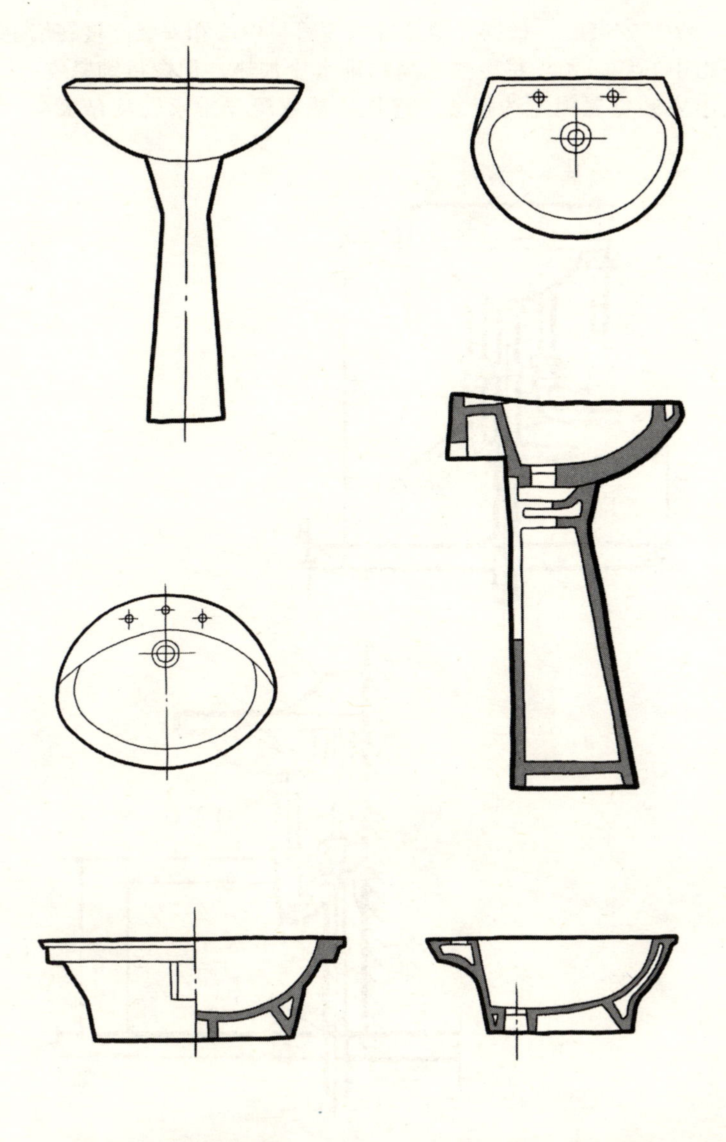

立柱式洗脸盆示意图　　台式洗脸盆示意图

（2）安装时，根据洗脸盆排水短管口中心和安装高度在墙上画出中心线，预先将冷热水嘴和排水栓加热，用螺母锁紧安好。找出安装位置固定洗脸盆，连接冷热水管和排水管及存水弯。

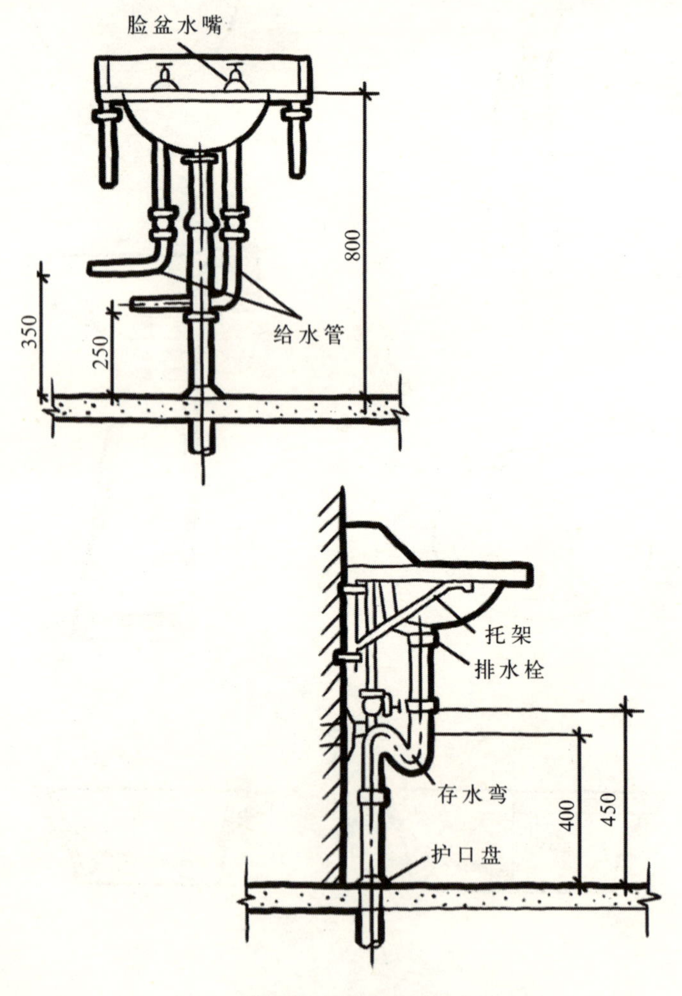

洗脸盆安装示意图

8．冲洗水箱

分为水力冲洗式和虹吸式，分手动和自动两种，水箱分为高低两种。

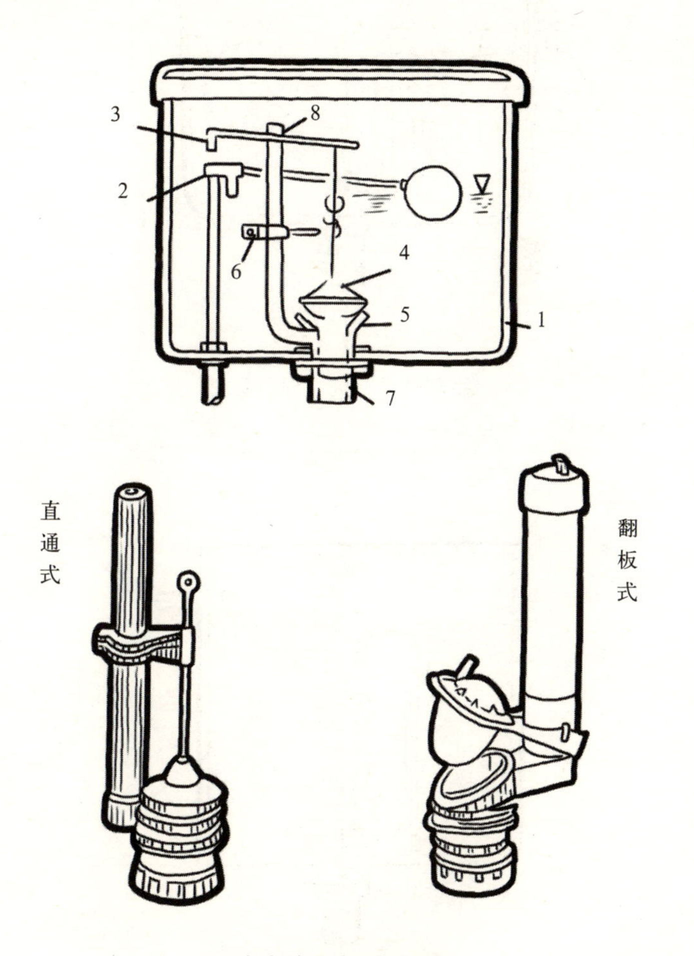

水力冲洗水箱示意图

1 —水箱；2 —浮球阀；3 —扳手；4 —橡胶球阀；5 —阀座；6 —导向装置；7 —冲洗管；8 —溢流管

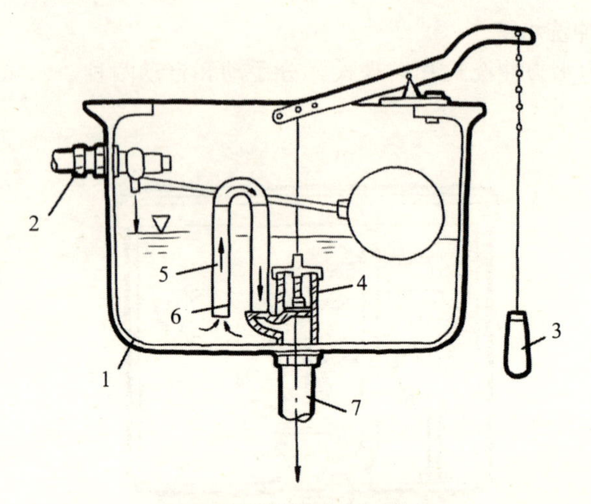

手动虹吸冲洗水箱示意图

1 —水箱；2 —浮球阀；3 —拉链；4 —弹簧阀；5 —虹吸管；
6 — ϕ5 小孔；7 —冲洗管

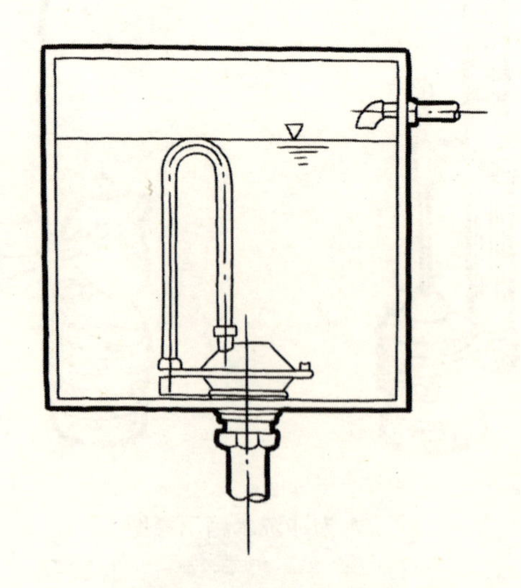

自动虹吸冲洗水箱示意图

9．便器冲洗阀

（1）冲洗阀直接安装在大便器冲洗管上的器具，体积小，可取代高低水箱。同时还是一种延时自闭式。

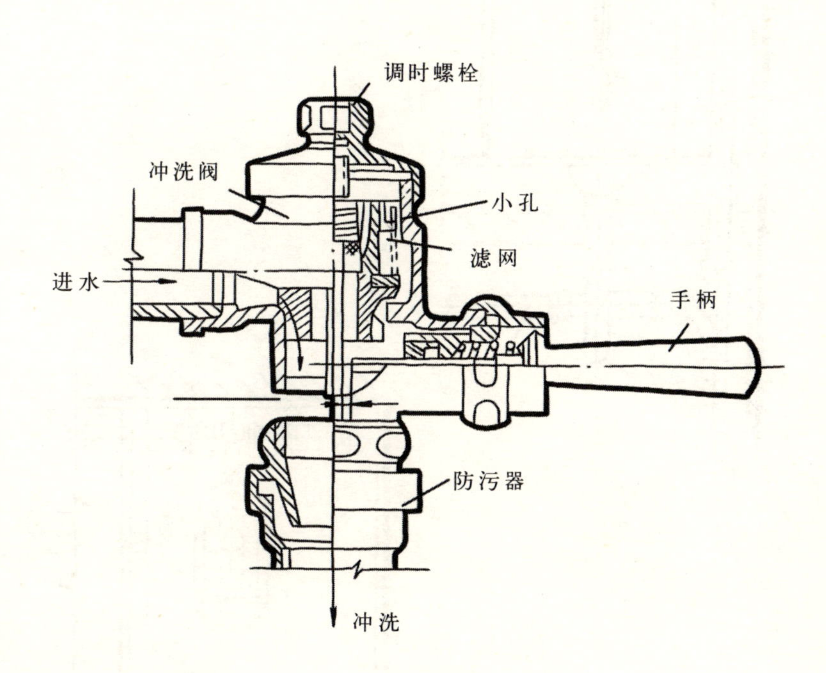

延时大便器冲洗阀示意图

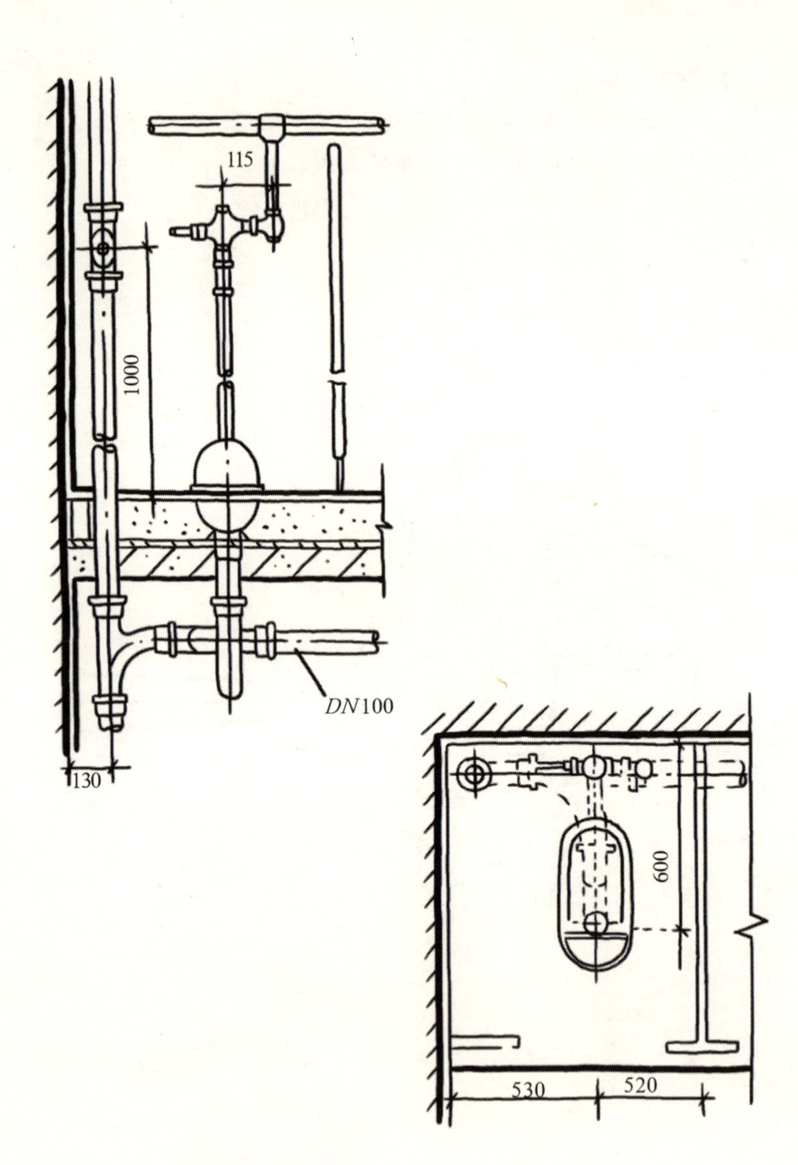

蹲式大便器冲洗阀安装示意图（一）

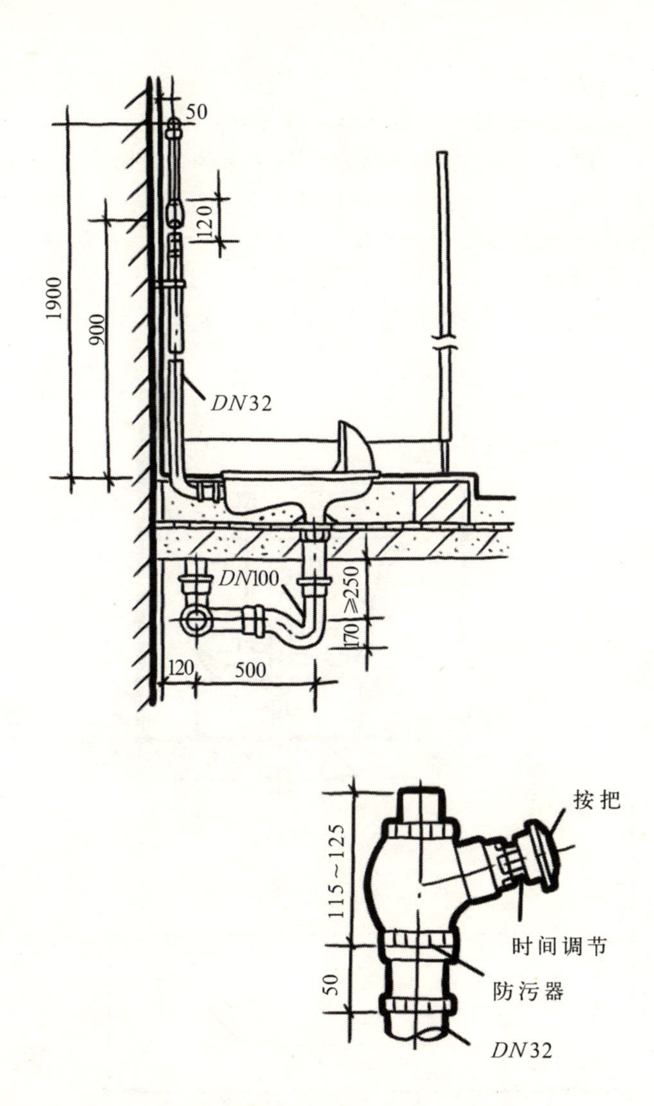

蹲式大便器冲洗阀安装示意图（二）

（2）采用普通阀门冲洗大便器时，必须在冲洗管上加空气隔断装置。

10. 浴盆的安装

浴盆常设于卫生间的一角，安装时，根据排水短管口中心和安装高度在墙上画中心线和高度线，按要求的位置将浴盆稳固，找平找正，连接上事先组装好的冷热水管和下水管等，注意所有连接件于浴盆连接处都要有橡胶垫圈，防止漏水，浴盆下水处一定要安装存水弯，水嘴的连接一般是左边热水，右边冷水（现在有很多类型的按摩浴盆，安装时注意参见说明书）。

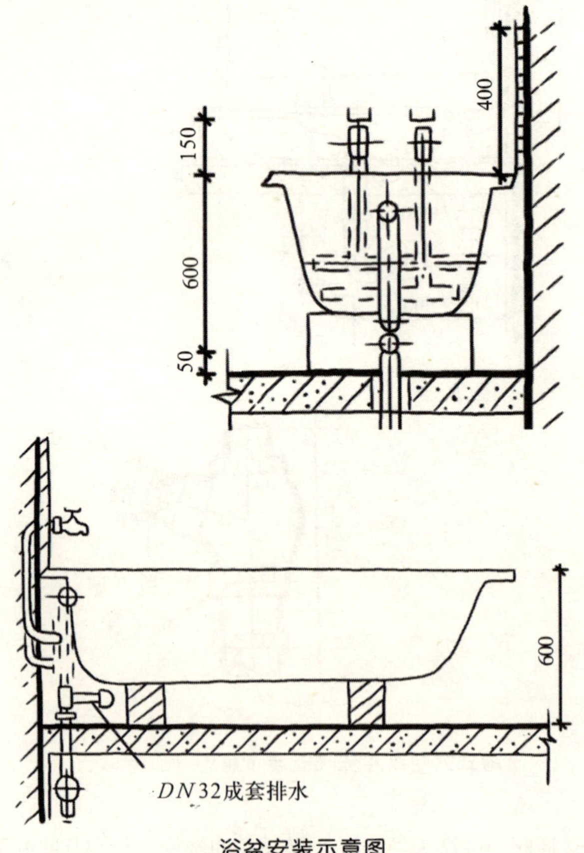

浴盆安装示意图

11. 淋浴器的安装

（1）淋浴器占地面积小，卫生、简洁，适合家庭中使用，安装时，先将冷热水管连接好，在热水管上安装短节和阀门，在冷水管上配抱弯再安装阀门，混合管的半圆弯用活接头与冷热水连接，最后装上混合管和喷头。目前，家庭中广泛适用成品淋浴器，安装更方便了，其基本原理是一样的。

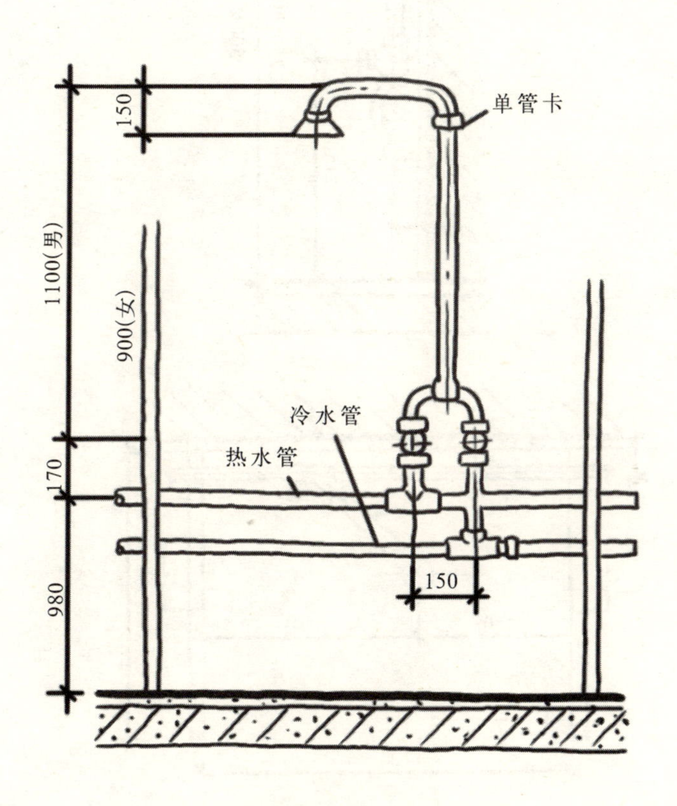

淋浴器安装示意图（一）

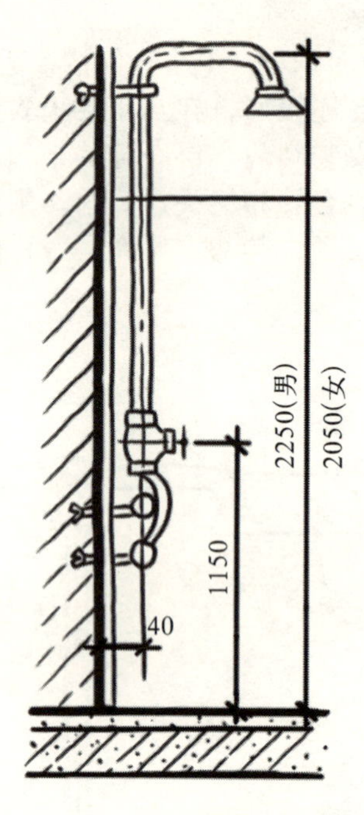

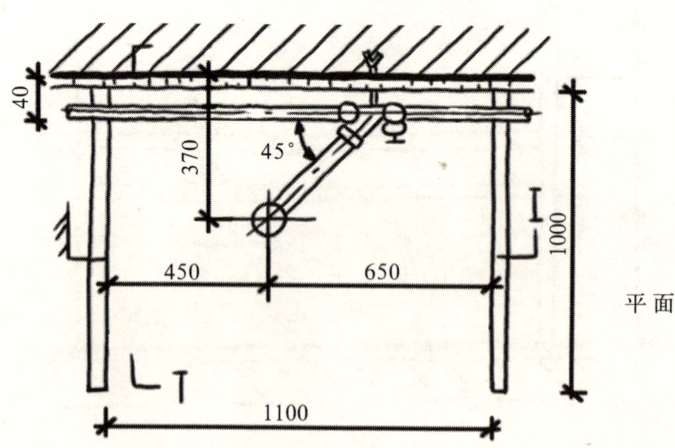

淋浴器安装示意图（二）

（2）浴缸给水管安装

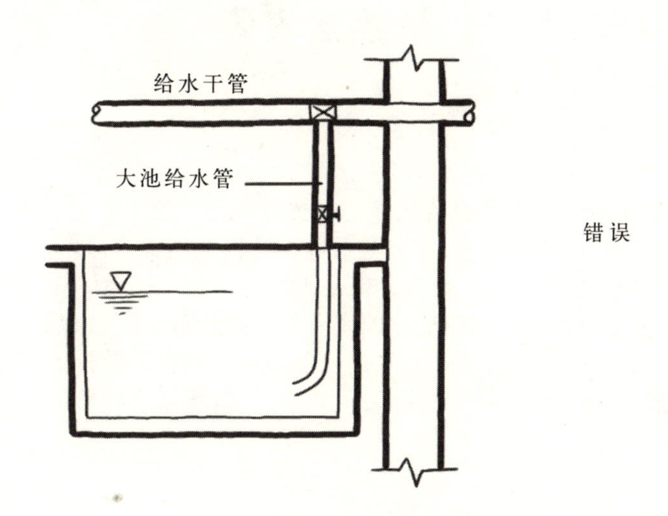

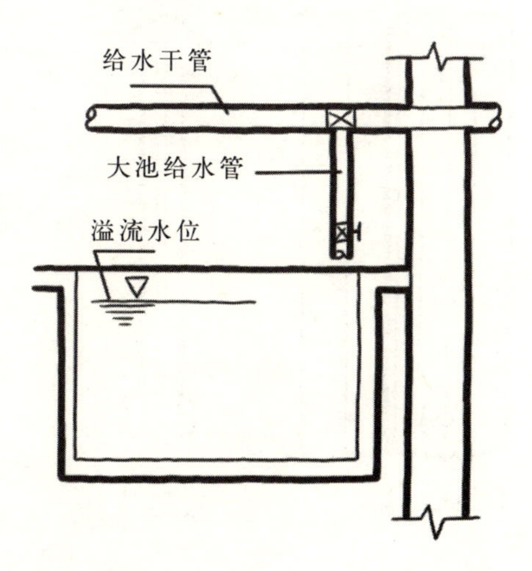

大池给水接法示意图

十二、散热器安装

1．散热器的种类

散热器也就是我们常说的暖气，种类很多，一般常见的有铸铁散热器、钢制散热器和铝制散热器等。铸铁散热器结构简单，耐腐蚀，使用寿命长，造价低，但是承压能力低，笨重，金属用量大，安装运输难。钢制散热器轻巧，占地面积小，但是容易腐蚀，寿命短，且温效效果差。近年来兴起的铝制散热器主要问题是防腐性能差，可靠性低。当今高档公寓采用的铸钢散热器性能好，外观漂亮整洁，但是造价较高。

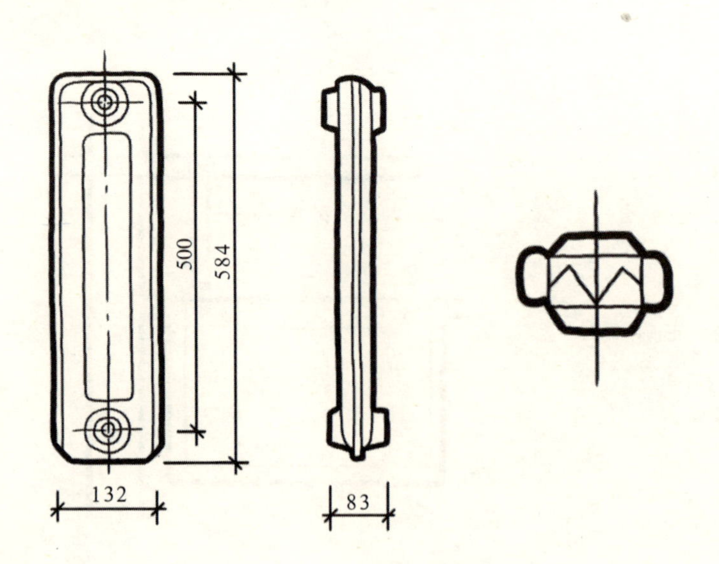

两柱 M－132 型散热器示意图

2．柱型铸铁散热器

柱型铸铁散热器是单片的柱状连通体，每片各有几个中空的立柱，有二柱、四柱和五柱，分带柱脚和不带柱脚两种。可以组成落地安装和在墙上挂式安装。

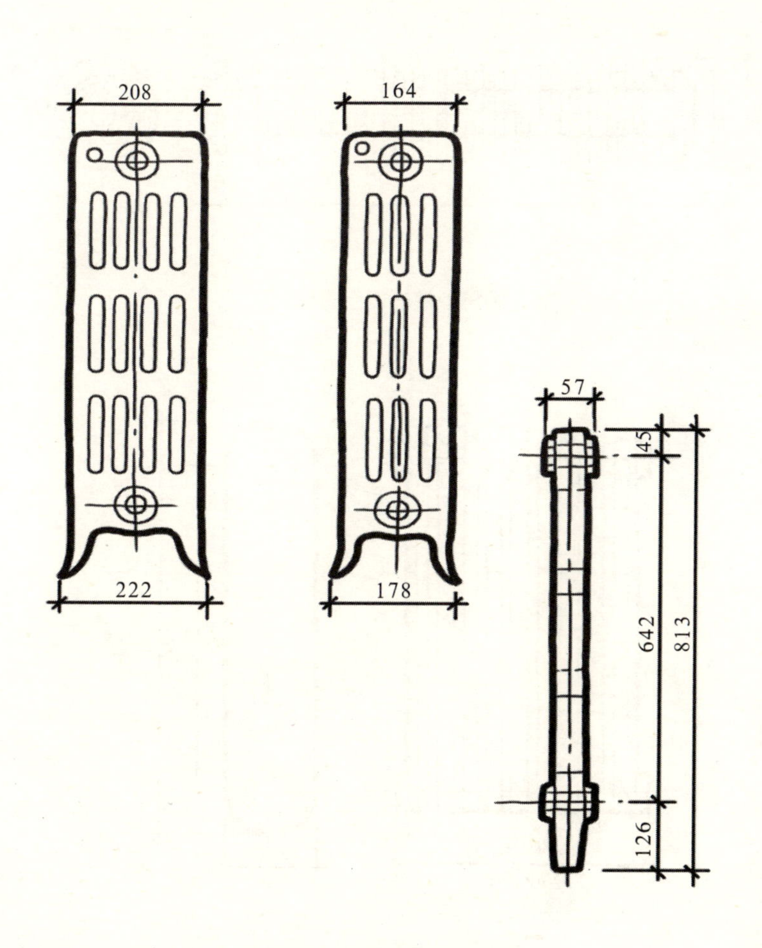

四柱、五柱散热器示意图

3．翼型铸铁散热器

翼型铸铁散热器分为圆翼型和长翼型两种，圆翼型散热器为管型，外表面有许多圆形肋片；长翼型散热器为长方形箱体，外表面带有肋片，但是它很难像柱型散热器那样任意组合。

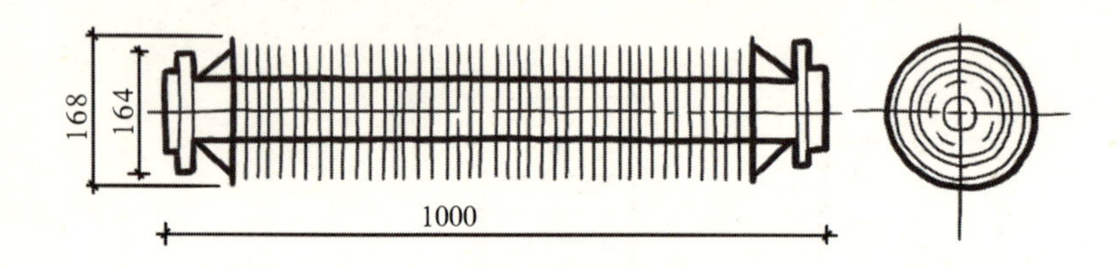

圆翼型散热器示意图

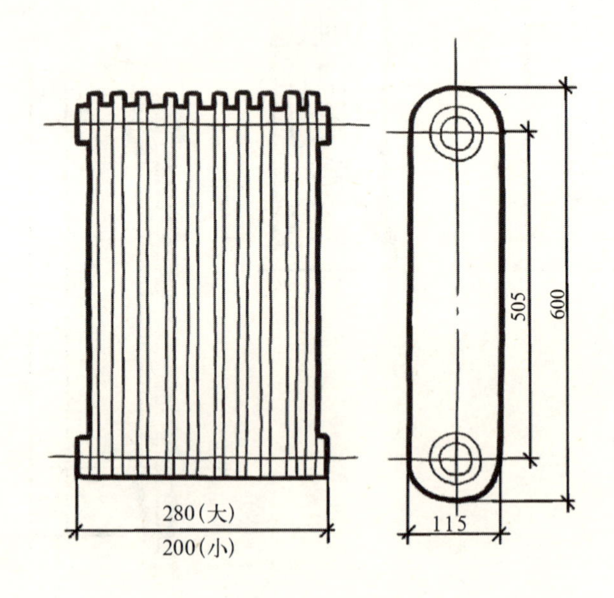

长翼型散热器示意图

4．灰铸铁散热器

灰铸铁散热器的主要优点是耐压强度高，单片试验压力为1.5Pa，单位散热面积的质量略低，但是造价较高。

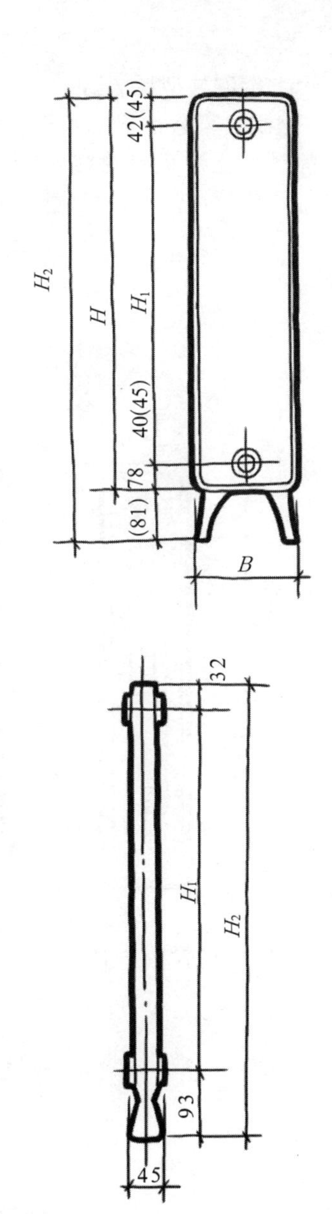

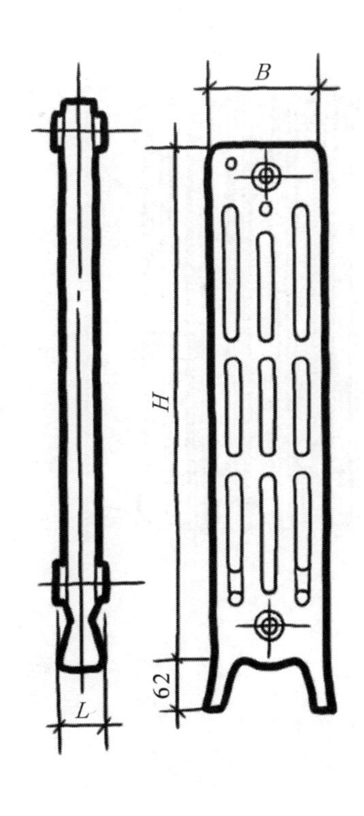

灰铸铁柱型、细柱型散热器示意图

5．钢制柱型散热器

钢制柱型散热器的构造和铸铁柱型散热器相似，它采用薄钢板经过冲压形成半片柱状，在经压力滚焊复合成所需要的散热器段，片数可以自由设定，一般不超过20片。

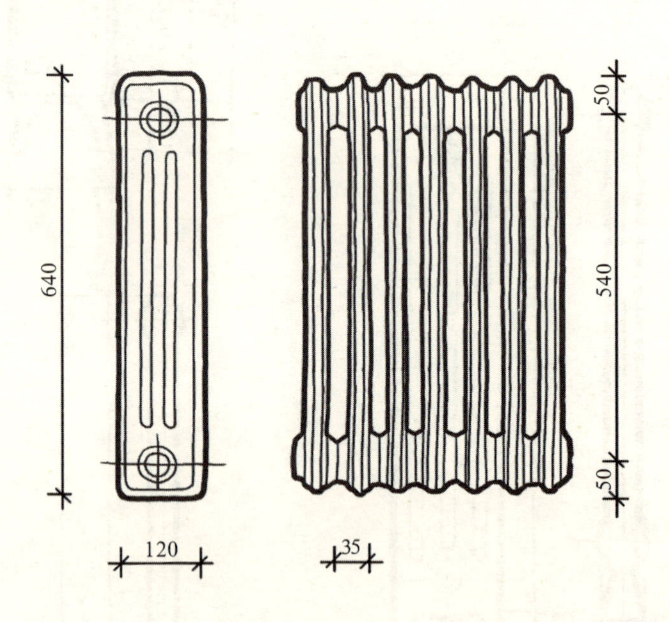

钢制柱型散热器示意图

6．钢制板式散热器

钢制板式散热器是由冷轧钢板冲压、焊制而成。由面板、背板、进出口接头等组成。对流片多采用0.5mm厚的钢板，点焊在面板背面，外表整洁。

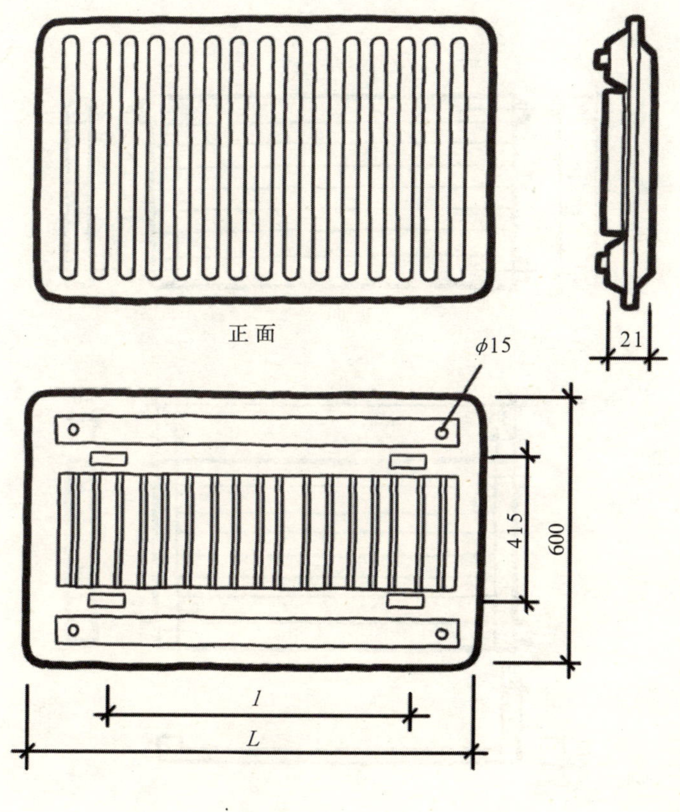

板型散热器示意图

7．钢制扁管散热器

钢制扁管散热器是由数根矩形扁管叠加焊制而成。两端与联箱连接，形成水流通路。板型有单板、双板、单板带对流片和双板带对流片四种结构形式。单双板面为光板，板面温度高，有较大的辐射热。

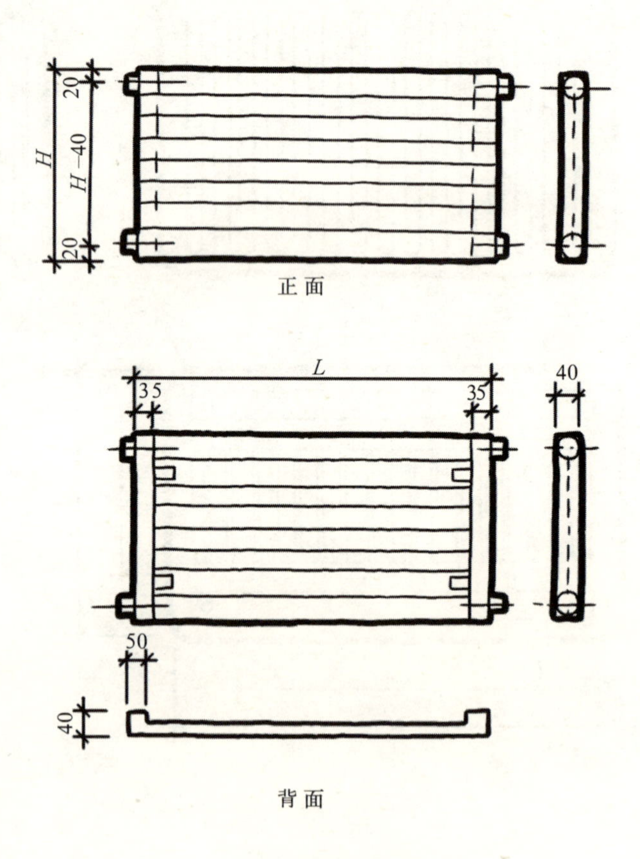

扁管型散热器示意图

8．闭式钢串片型散热器

闭式钢串片型散热器是由钢管、带折边的钢片和联箱组成，串片间形成许多个竖直空气通道，产生烟囱效应，增强了对流放热能力。

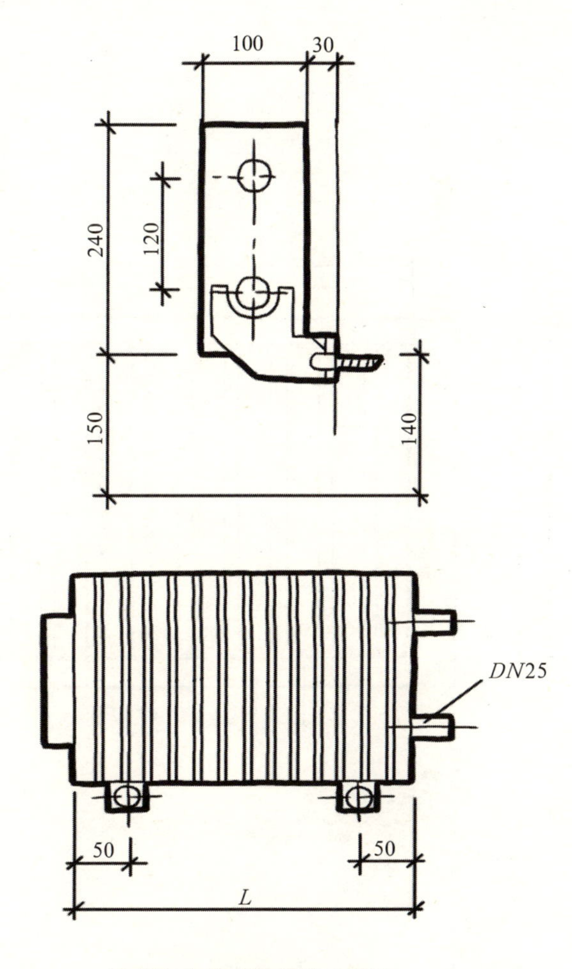

闭式钢串片型散热器示意图

9．铝制散热器

铝制散热器是由铝合金翼型管材加工成排管状，外形美观，质量轻，承压高传热性能好，搬运安装方便，但是防腐难度大，处理不好，容易产生漏水事故，价格较高。

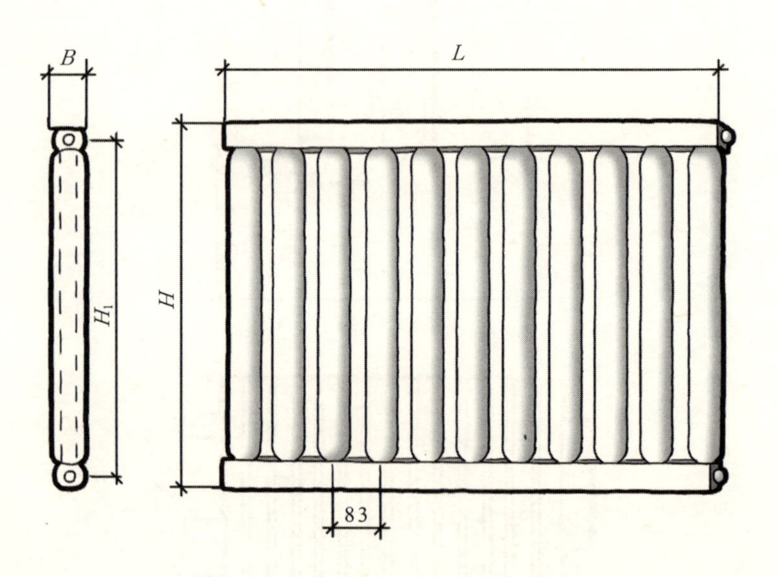

铝合金散热器示意图

10. 铜铝复合柱翼型散热器

铜铝复合散热器以铜管为散热主管，把柱翼铝合金型材套在铜管上，采用螺纹胀管技术使铜管和型材紧密结合在一起，外形美观大方，提高传热效率，经济实用。

铜铝复合散热器示意图

11. 钢管散热器

钢管散热器是近年来从国外引进的技术生产，采用现代工艺技术，制成秀气美观的散热器，外部喷涂，耐压强度高，热辐射高，且造型多样，组合自由，但是价格较高。

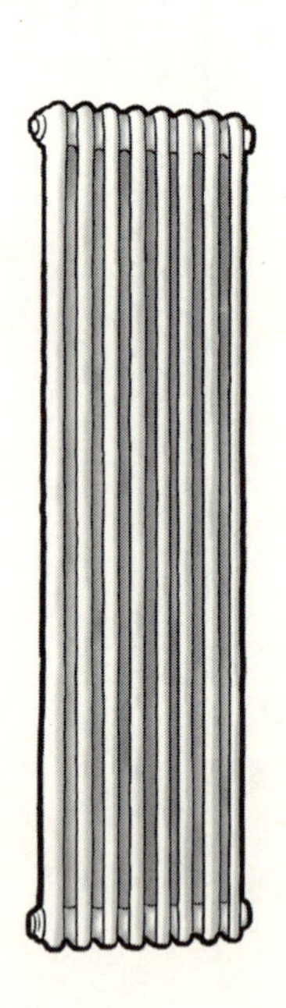

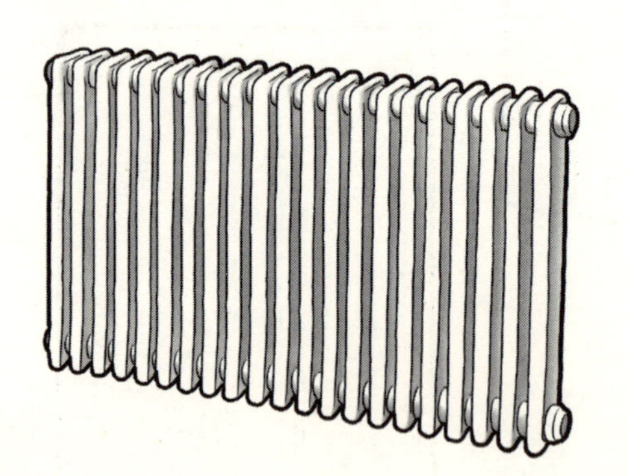

钢管散热器示意图

12. 铸铁散热器的组对

柱型和长翼型铸铁散热器通过对丝组合而成，组对时摆好第一片正扣向上，将对丝拧入1～2扣，放上垫圈，用第二片的反扣对第一片，用对丝钥匙插入丝孔内，将钥匙卡住，先逆时针推出对丝，再顺时针拧对丝，待上下全入扣时，同时并进，拧紧对丝口，如此一片连一片组成所需的散热器。

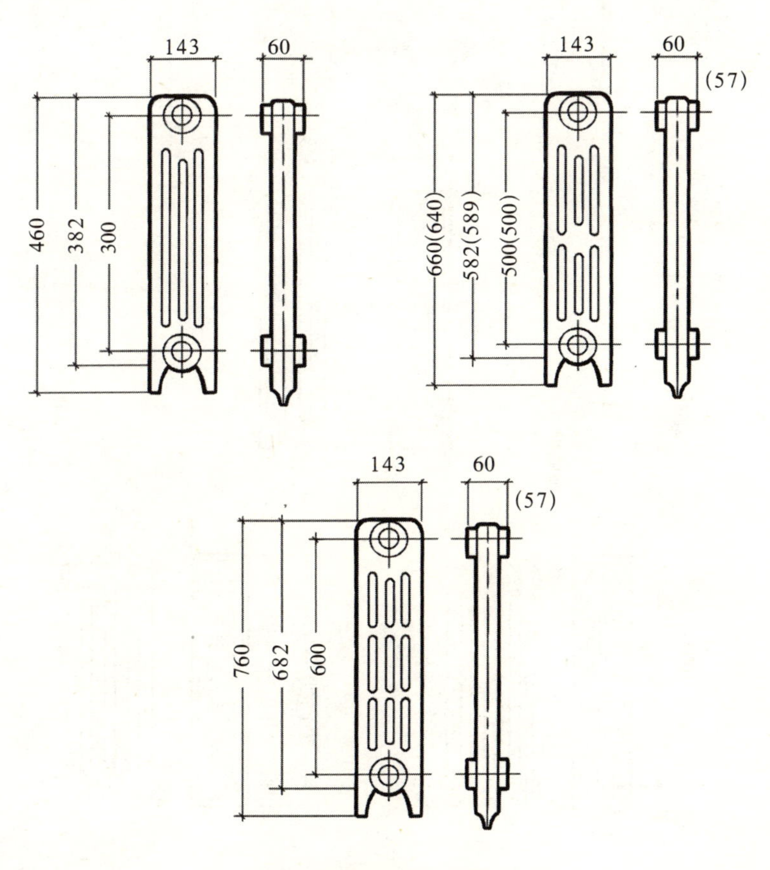

铸铁散热器组对示意图一

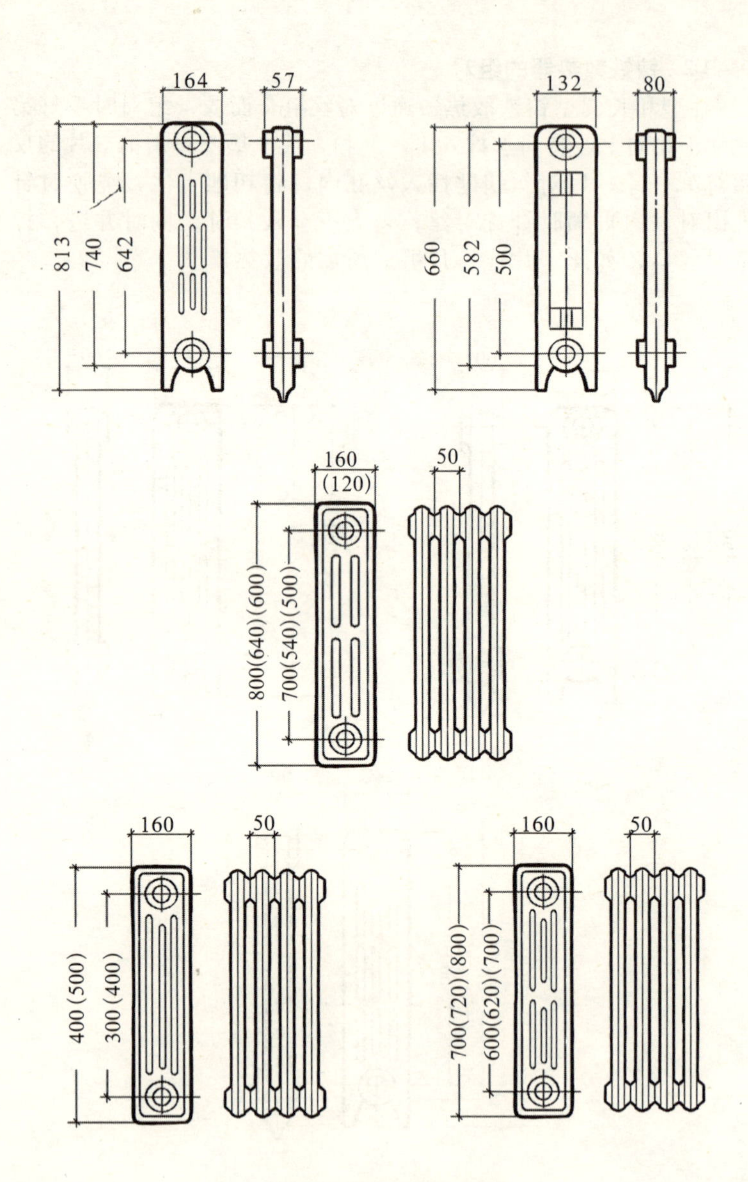
164
57
813
740
642
132
80
660
582
500
160
(120)
50
800(640)(600)
700(540)(500)
160
50
400(500)
300(400)
160
50
700(720)(800)
600(620)(700)

铸铁散热器组对示意图

13. 散热器的检查

散热器组对前应检查有无裂纹、蜂窝和砂眼，连接内螺纹是否良好，内部是否干净。然后除锈，清刷对口，逐个刷防锈漆。组对而成的散热器，要逐组水压试验，时间为2～3 分钟，不漏不渗为合格。最后再刷一道防锈漆备用。

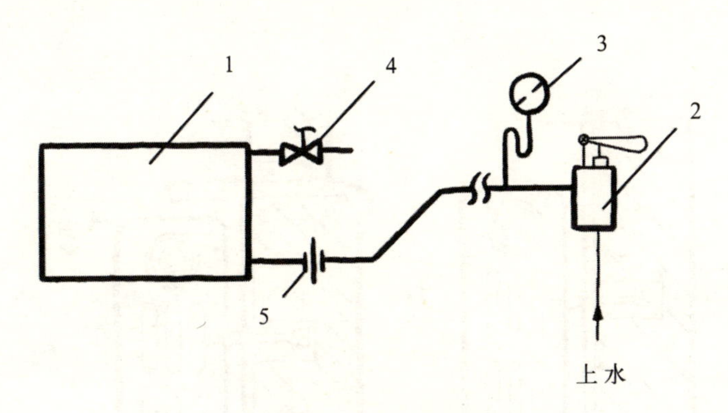

散热器水压试验示意图

1—箱体；2—水压开关；3—水表；4—阀门；5—放水阀

水压器示意图

14. 散热器的安装

（1）散热器一般安装在窗台下，可用散热器托钩和托架来固定。应正面水平，侧面垂直，与墙的距离为30mm为宜。安装时，正丝方向应置于进水方向，要使散热器与管道形成一个整体，同侧连接的两组散热器，应注意有1%的坡度坡向水流方向。

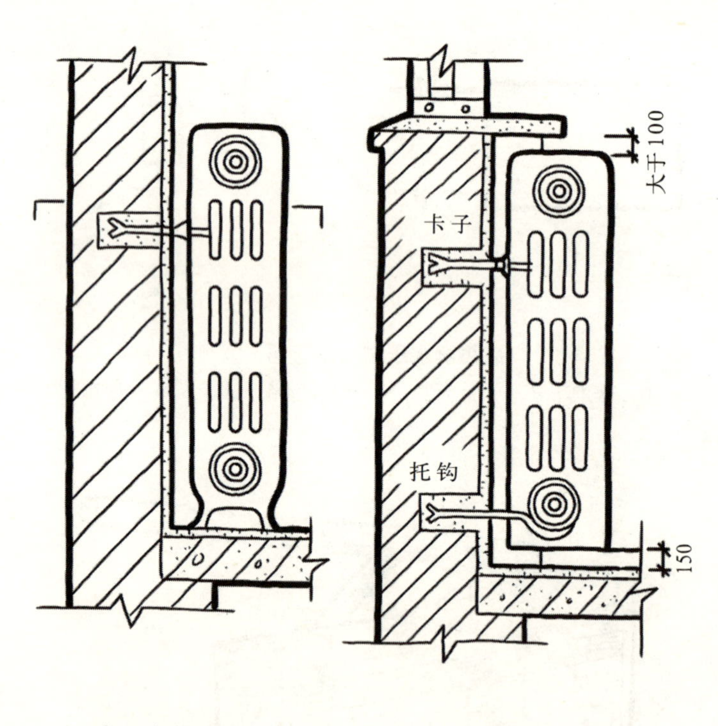

散热器卡子托钩安装示意图

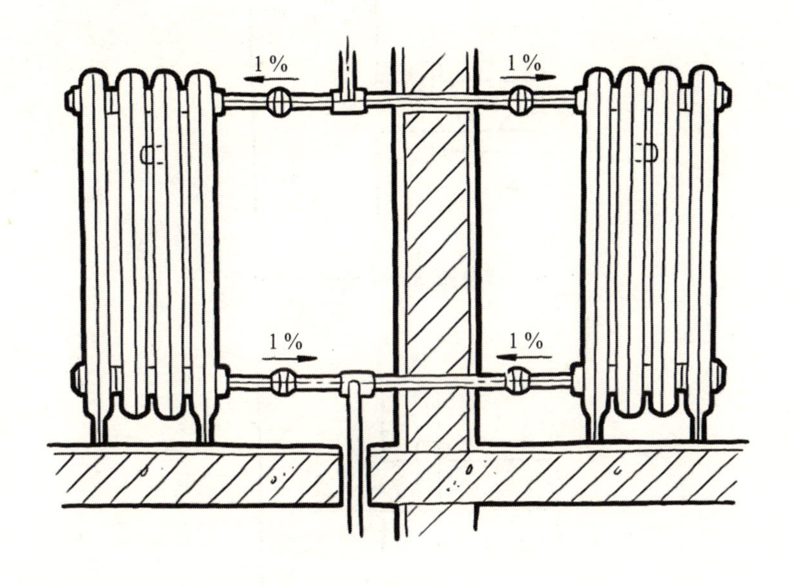

散热器与支管连接示意图

（2）管道穿越墙壁和楼板，应设置薄钢板或钢制套管（楼、地面套管必须用钢制套管）。安装在楼板内的套管，其顶部应高出地面30mm（用水房间地面套管应高出地面50mm），底部应与楼板底面齐平，套管与管之间的空隙处采用油麻或防水油膏填实密封；安装在墙壁内套管，其两端应与饰面相平（为了安装方便美观，又不影响使用功能，过墙套管可做成两段，每段最短不应小于70mm）。管道应位于套管的正中（安放套管时可将套管先临时固定在管道上，并应保持与管道四周均匀），套管与管空隙可用石棉绳、毛毡条等填实。

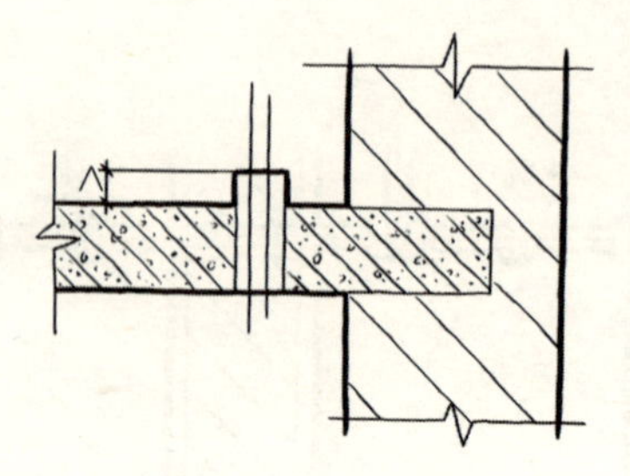

穿普通房间楼板示意图

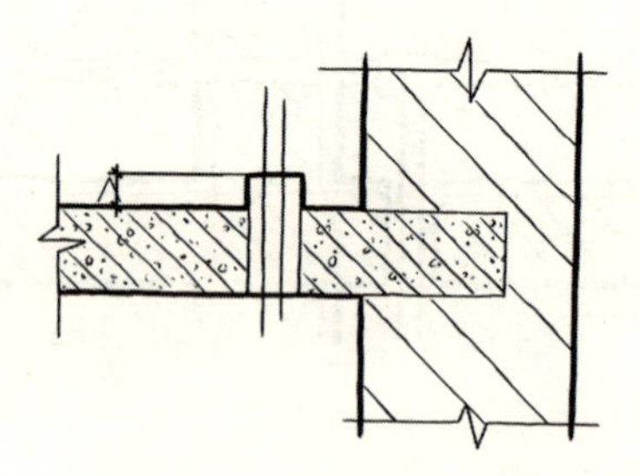

穿易积水房间楼板示意图

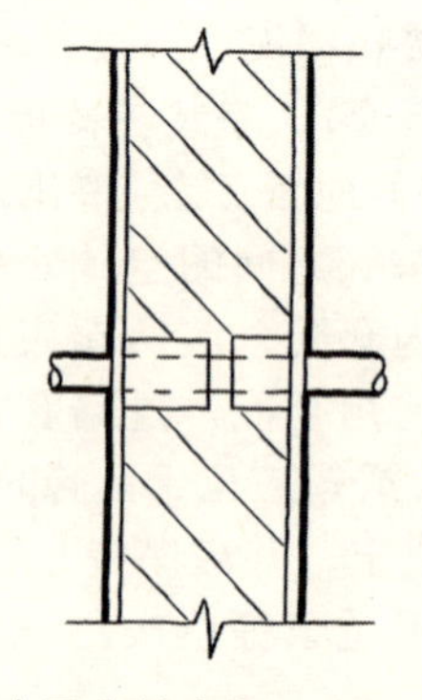

水平穿墙套管示意图

（3）立管管卡安装，层高小于或等于5m，每层需安装一个；层高大于5m，每层不得少于2个。管卡安装高度，距底面为1.5~1.8m，两个以上管卡可平均对称安装。但为了不影响使用，支架高度在1.7m以上为宜，但所有支架安装高度应统一，有面砖的墙面支架高度应赶在墙砖的横缝上，且支架应安装在背人面，支架螺钉应使用沉头螺钉。

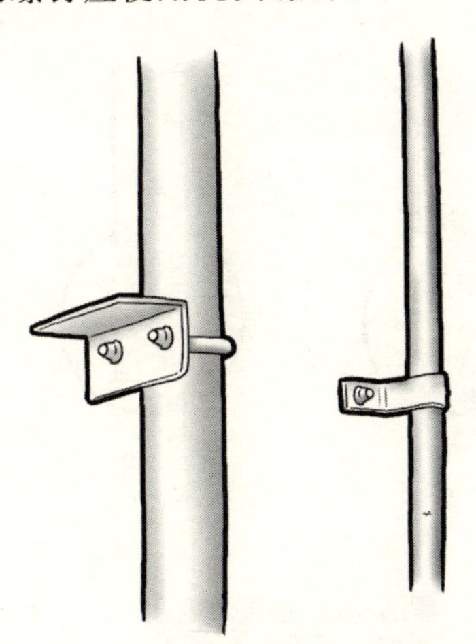

立管管卡安装示意图

（4）水平管托架（钩）不得用立管代替，热水管道的活动支架与固定支架的使用部位应合理，热水管道变径应做成上平。

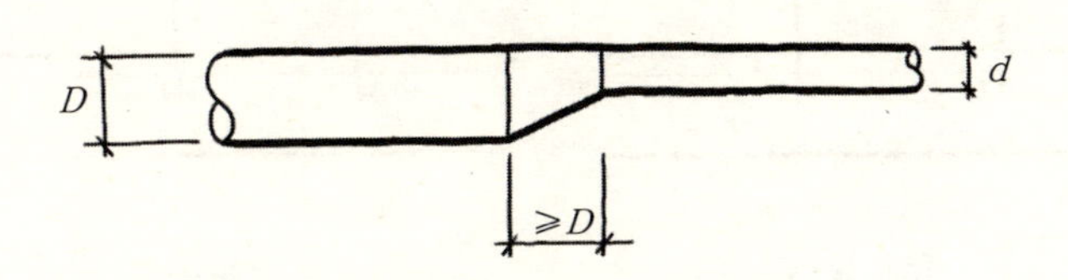

管道上平变径做法示意图

说明：1．变径上表面必须保证平齐；2．变径收头端部直径必须与小管径一致；3．变径过渡应均匀。

（5）管道焊口距支、托、吊架的边缘距离应大于50mm，如管道属于活动支、托、吊架时，管道焊口位置应放在支、托、吊架与受热方向的同一侧；凡弯曲管道的接口焊缝位置距弯曲与直管段的距离应为弯管曲率半径的直边长度1500mm以外处，且不小于100mm。

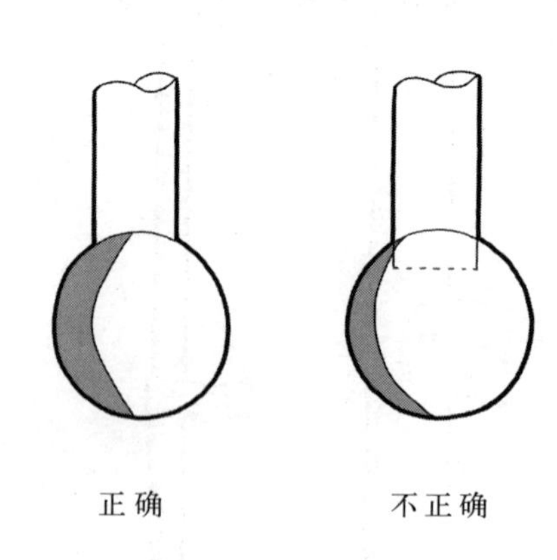

管道90°连接示意图

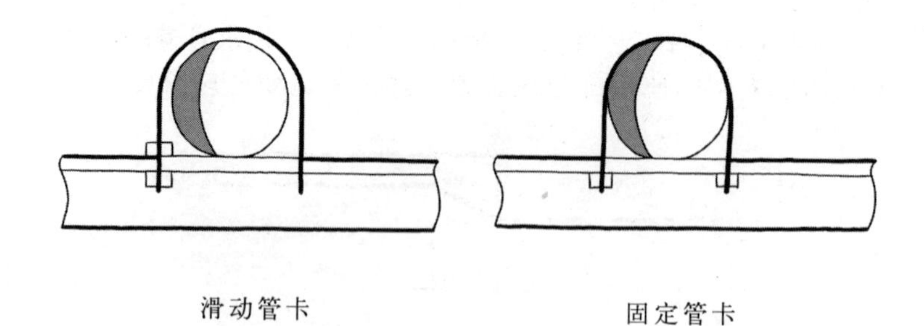

管卡做法示意图

（6）散热器与管道的连接，必须安装可拆装的连接件。活接头安装时，子口一头安装在来水方向，母口一头安装在去水方向。

（7）弯制方形钢管伸缩器，宜用整根管弯制成，如需要接口，其焊口位置应设在垂直臂的中间。

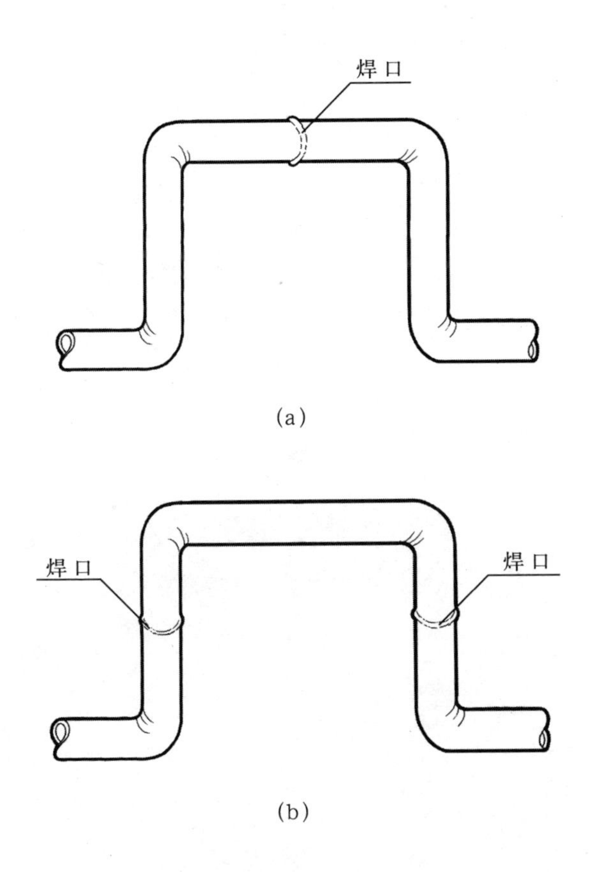

钢管伸缩器焊接示意图

（a）错误；（b）正确